Gottlob Neumeister

Das Ganze der Taubenzucht

Gottlob Neumeister

Das Ganze der Taubenzucht

ISBN/EAN: 9783743304604

Hergestellt in Europa, USA, Kanada, Australien, Japan

Cover: Foto ©berggeist007 / pixelio.de

Manufactured and distributed by brebook publishing software
(www.brebook.com)

Gottlob Neumeister

Das Ganze der Taubenzucht

Das

Ganze der Taubenzucht

von

Gottlob Neumeister.

Dritte Auflage

im Text zeitgemäß umgearbeitet und herausgegeben

von

Gustav Prütz,

Secretair des Ornithologischen Vereins in Stettin, Verfasser von „der Taubenschlag“ und der Preisschrift „die Arten der Haustaube“.

Nebst siebenzehn Tafeln

mit nach der Natur gezeichneten und kolorirten Abbildungen aller reinen Tauben-Racen.

Weimar, 1876.

Bernhard Friedrich Voigt.

Dem

um die Classification und Nomenclatur der Haustauben

hochverdienten

Herrn H. Dietz

in Frankfurt a. M.

hochachtungsvoll gewidmet

vom

Herausgeber.

Vorwort.

Die strenge Wissenschaft hat sich bisher entweder gar nicht oder nur sehr nebenbei mit den Bestrebungen der Vogel- und Geflügelzüchter befreundet, obgleich auch durch sie, unbewußt freilich mehr als beabsichtigt, die Antwort vorbereitet wird auf Fragen, welche eben jetzt die Forscher unausgesetzt in Athem halten, die Frage — um mit Darwin zu reden — über die Entstehung der Arten. Nirgends finden wir einen festen Anhalt mehr dafür, was Art ist und was Gattung, und wie grenzenlos willkürlich mit diesen Begriffen geschaltet werden, lehrt jeder Versuch, sich durch das Labyrinth jener Irrgänge unserer Wissenschaft durchzuarbeiten. — Die Abstammung der verschiedenen Arten der Haustaube von einer bestimmten Art, der Uebergang von der Wildheit in den Zustand der Domestication, die Zeit und die Art der Uebersiedlung aus anderen Ländern und die Acclimatisation auf Deutschem Boden, die allmälige Vermischung der Racen zur Erzeugung vorübergehender oder ständiger Varietäten, dies Alles ist in den meisten Fällen wohl schwerlich mit evidenter Klarheit und unumstößlicher Gewißheit nachzuweisen. Die so häufige Bezeichnung einer und derselben Art von Tauben durch besondere Namen, die Einführung von Benennungen für angeblich neue Arten bei geringer Abweichung einzelner Exemplare in Gestalt oder Farbe von den übrigen derselben Race; die häufige Bezeichnung verschiedener feststehender Varietäten mit einem und demselben Namen hat häufig Unsicherheit in den Bestimmungen der Haustauben und Zweideutigkeiten in den Angaben über sie verursacht. Nichts schadet bekanntlich einer Liebhaberei, mag sie einen Namen haben, welchen sie wolle, mehr, als die heillose Namenverwirrung, unter der sie mehr oder minder zu leiden hat. Dem Studium der einzelnen Individuen aller der von uns Menschen willkürlich aufgestellten Gruppen, ganz besonders aber jener Grundformen, die wir als Arten zu bezeichnen haben, müssen auf lange hinaus unsere besten Kräfte gelten, obgleich nicht zu verkennen ist, daß das Studium der Individuen in ihren Formen- und Farbenverschiedenheiten ziemlich mühevoll und nicht anders zu ermöglichen ist, als durch fleißige Beobachtung, Beschaffung allseitig genügenden Materials und vorurtheilsfreier Vergleichung und Verwerthung der dadurch gewonnenen Schätze. Nur wenige Taubenzüchter haben bisher mit solchen Bestrebungen sich befreundet, da sie entweder nur ausschließlich materielle Zwecke verfolgen oder lediglich ihrer eigenen Liebhaberei fröhnen. Mit dazu beigetragen hat wohl die vielfach verbreitete Ansicht, daß die Taubenzucht eine der nutzlosesten, kostspieligsten Liebhabereien sei, die eines ernsteren Studiums nicht werth zu erachten. Erst die in jüngster Zeit erzielten günstigen Resultate der „praktischen Zoologie“ hat auch unsere gewissenhaften und verständigen Taubenzüchter dazu angeregt, die bereits vorhandenen Kenntnisse und Erfahrungen zu erweitern und zu vervollständigen. Das Hauptverdienst zu diesem Fortschritt gebührt unstreitig den Delegirten des ersten Deutschen Geflügelzüchtertages, die unter dem Vorsitze des Direktors Dr. Bodinus den Entwurf einer stichhaltigen Nomenclatur aller Racen und Arten der Haustaube begründeten. Auf Grund dieses Entwurfes, jedoch mit einigen Abweichungen in der Classification, wurde die 3. Auflage des mir freundlichst von dem Verleger Herrn B. F. Voigt in Weimar zugesandten letzten Exemplars meines verstorbenen Freundes G. Neumeister „das Ganze der Taubenzucht“ vollständig zeitgemäß umgearbeitet. Die Grundsätze, nach welchen die Classification gemacht ist, und die nicht unwesentlich abweichen von meiner früheren Arbeit: „Die Arten der Haustaube", 2. Auflage, Leipzig 1875, Preis 1 Mark 60 Pfennige, sind aus dem Ganzen leicht ersichtlich und bedarf es in Betreff derselben keiner besonderen Erläuterung. Die Krankheiten der Tauben ausführlich zu behandeln, ihre Erkennungszeichen, Entstehungsursachen und Gegenmittel, so weit sie bis jetzt erforscht und bekannt sind, vollständig anzugeben, wurde mit besonderer Sorgfalt erstrebt. Wenn ich es ausspreche, daß ich mit großer Liebe zur Sache diese Umarbeitung vorgenommen, daß ich durch sorgfältige und passende Wahl aus den Mittheilungen der bedeutendsten Taubenkenner, — des Herrn Dietz in Frankfurt und des verstorbenen Directors Führer in Stuttgart — gerechten Anforderungen an ein derartiges Werk zu entsprechen hoffe, so kann ich hierbei nicht unerwähnt lassen, daß auch der Herr Verleger bemüht gewesen ist, das Buch in freundlicher Gestalt dem Publikum zu übergeben.

Möge das alte Neumeister'sche Buch in seiner Umarbeitung derselben günstigen Aufnahme und Anerkennung bei Freunden und Kennern der Taubenzucht sich erfreuen, welche den beiden ersten Auflagen in so reichem Maße zu Theil geworden!

Stettin, im Januar 1876.

Gustav Prütz.

Inhaltsverzeichniß

Erste Abtheilung.

Erstes Kapitel.

Allgemeine Eigenschaften des Taubengeschlechtes.

Unter dem Namen Haus-Tauben versteht man diejenigen Arten, welche der Taubenfreund unter den gewöhnlichen Benennungen Feld- oder Hoftauben theils zum Nutzen, theils zum Vergnügen hält, und die nachstehend ausführlich beschrieben sind.

Die vorzüglichsten Eigenschaften unserer zahmen Haustauben sind: Treue und Anhänglichkeit an den Ort, wo sie erzogen worden sind, Liebe und Sorgfalt beim Brüten und Auferziehen ihrer Jungen, Reinlichkeit, Geselligkeit und Sanftmuth. Hinsichtlich ihrer großen Neigung zur Geselligkeit findet man selten, daß ein einzelnes Paar einen Schlag (Taubenboden) für sich allein bewohnen will; sie verlassen vielmehr ihre einsame Wohnung und suchen einen andern Ort, wo sie in Gesellschaft leben können; selbst zwei oder drei Paare sind sogar häufig nicht hinreichend, sie an ihre ihnen zuertheilte Wohnung zu fesseln; sie fliegen dann gern zum Besuch dahin, wo sie mehr Gesellschaft finden, und je größer diese ist, um so lieber und häufiger schließen sie sich an, bis sie ihre Heimath mehr und mehr vergessen und die alte Wohnung ganz verlassen. Auch beim Fressen oder der Fütterung findet man sie stets vereint, und ohne Neid und Mißgunst beim Körneraufpicken. Die Geselligkeit beschränkt sich jedoch nicht auf einzelne Taubenarten, sondern alle, die einen Schlag bewohnen, nehmen daran Theil; nur, daß die verschiedenen Schlagbewohner sich einander fern halten, wenn sie irgendwo auf den Dächern zusammentreffen, sich also gegenseitig als fremd betrachten, bis sie in den Schlag gehen oder sich fangen lassen, und dann von den Schlagbewohnern zuletzt in die Gesellschaft aufgenommen werden. Mit den Tümmlern (Flugtauben) ist es dasselbe; beim Fliegen (Jagen) vereinigen sie sich in der Luft, trennen sich aber wieder, und wenn Tauben eines fremden Fluges unter dem eigenen geblieben sind, und mit anfallen, so bleiben sie doch entfernt von den übrigen sitzen, besinnen sich eine Weile und fliegen wieder ab; werden sie jedoch durch das auf das sogenannte Kneif- oder Futterbrett gestreuete Futter verlockt hinaufzugehen, um gekniffen und gefangen zu werden, so bleiben sie in der ersten Zeit sehr fremd und scheu im Schlage.

Die Treue und Anhänglichkeit an den Ort ihrer Geburt wird besonders dadurch bedingt, daß man sie täglich ausreichend mit gutem Futter und hauptsächlich mit frischem, reinem Wasser versorgt, auf Reinlichkeit des Schlages hält, und sie in ihren Wohnungen nicht oft und unnöthig beunruhigt und stört. Beobachtet der Besitzer diese hauptsächlichsten Punkte nicht, so werden seine Lieblinge sehr bald ihren Schlag verlassen und sich eine andere Heimath suchen, welche die genannten Erfordernisse hat. Fesselt man sie aber im Gegentheil auf die angegebene Weise an ihre Wohnung, so werden sie darin bald ganz heimisch.

In Hinsicht der Reinlichkeit giebt es wohl wenige Thiere, welche dieselbe so sehr lieben, als grade die Tauben. Ein widriger Geruch, die Loosung einer Katze, eines Marders, Wiesels oder Iltis kann sie zum gänzlichen Verlassen ihres Schlages bestimmen; daher muß man ihn bei der geringsten Wahrnehmung solcher Dinge sorgfältig reinigen und ausräuchern, vorzüglich wenn ein Marder ihn besucht und seine Loosung hinterlassen hat, deren starker, bisamartiger Geruch den Tauben im höchsten Grade zuwider ist.

Viele Taubenliebhaber, namentlich auf dem Lande hegen den Glauben, daß man nur am Fastnachtstage die Reinigung der Taubenbehälter vornehmen durfe, dann würden die Thiere das ganze Jahr hindurch vom Ungeziefer befreit bleiben. Abgesehen davon, daß dieser Glaube auf keinem vernünftigen Grunde beruht und wirklicher Aberglaube ist, so sieht man wohl leicht ein, daß die einmalige Reinigung des Schlages und der Nester während eines Jahres zum Gedeihen der Thiere nicht hinreicht; denn das Anhäufen des Mistes schadet wegen seiner Ausdünstung und namentlich weil es die Vermehrung des Ungeziefers begünstigt, da es deren Brutstätte bildet. Ist man ferner genöthigt die Tauben im Schlage zu füttern, so genießen sie das ihnen vorgeworfene Futter nicht mit dem gewohnten Appetite, wenn man ihnen dasselbe auf den ganz mit Excrementen angefüllten Boden hinstreuen muß, sondern mit einer gewissen Vorsicht, da sie durch das Aufpicken der Körner oft Mist mit verschlucken, der ihnen sehr nachtheilig ist und Krankheiten hervorruft. Ich habe oft bemerkt und die Erfahrung gemacht, daß, wenn Tauben von ihrem Kothe unter dem Futter oder beim Saufen etwas mit genießen, zumal im Frühjahr oder Herbst, wo der Boden immer feucht ist und der Mist nicht schnell genug trocknen kann, sie eine Art tödtlichen Durchlaufs bekommen, welcher unter dem Namen Kalkscheiße den Taubenzüchtern bekannt sein wird. Um diesem Allem möglichst zu begegnen, thut man am besten, die Reinigung der Taubenbehälter alle vier Wochen gründlich vorzunehmen. Bei Feldtauben ist dies weniger nöthig, weil sie den größten Theil des Jahres hindurch das Futter auf dem Felde suchen. Eine öftere Störung, welche die Reinigung des Schlages und der Nester doch immer macht, würde diese an und für sich schon scheuen Tauben gewiß veranlassen, Eier oder Junge, ja selbst ihre Wohnung zu verlassen. Am liebsten verzehren die Tauben ihr Futter außerhalb des Schlages auf einem sogenannten Futterbrette, oder an sonst trockenen Orten. Nur bei dem größten Hunger besuchen sie die Düngerhaufen oder den Mist der Pferde, um etwaig unverdaute Körner aus demselben zu suchen, welche anderes Federvieh, als Hühner, Enten und Gänse mit dem größten Appetit und ohne Nachtheil für die Gesundheit verzehren. Nächst den bereits oben erwähnten Gerüchen ist ihnen der Geruch des sogenannten Teufelsdrecks (assa foetida) sehr zuwider, aber doch nicht in dem Grade, wie die Losung von einem Marder, oder sonst einem ihrer oben erwähnten Feinde. Angenehm dagegen sind ihnen die Gerüche von Heringslauce, Salpeter, Anis, Kümmel u. s. w. Anisöl ist insofern noch vortheilhaft, weil dadurch das Ungeziefer weicht.

Bei ihrer großen Liebe zur Reinlichkeit, die sie mit vielen andern Vögeln gemein haben, indem sie sich gern baden und putzen, suchen sie dieselbe sich auf verschiedene Art zu verschaffen. Dahin gehört das Baden in klarem, reinem Wasser, sowie das Pusteln im Sande und Staube. Wie gern sie sich baden, geht schon daraus hervor, daß sie bei warmem rieselnden Regen, der besonders nach einem heißen Tage erfolgt, sich stundenlang auf dem Dache niederlegen und sich behaglich beregnen lassen, wobei sie sich mit aufgehobenem Flügel abwechselnd, bald auf diese, bald auf die andere Seite legen, so daß der Regen ihre Federn sanft benetzt, zumal wenn sie Ungeziefer haben. So bleiben sie oft so lange liegen, bis sie ganz durchnäßt sind; dann erst begeben sie sich in den Schlag. Die Beunruhigung durch Ungeziefer bei trockenen, warmen Tagen macht ihnen das Baden zum Bedürfniß. Man setzt ihnen zu diesem Zwecke ein eisernes Gefäß mit Wasser hin, und erneuert dieses oft, damit alle diejenigen Tauben sich baden können, welche Lust dazu verspüren; denn geschieht dieses nicht öfters in warmen Sommertagen, so beschmutzen sie das Trinkwasser, indem sie mit dem Schnabel hineinfahren um sich zu bespritzen. Damit nun dieses nicht aus dem Saufnapfe geschieht, so stellt man thönerne oder zinkene Saufnäpfe im Schlage auf, die so konstruirt sind, daß sie nur die Köpfe zum Saufen durch die Oeffnungen stecken, und deshalb das Trinkwasser nicht verunreinigen können.

Die Putzsucht besteht besonders in dem Reinigen und Ordnen der Federn, die sie oftmals durch den Schnabel ziehen, auch den Schnabel daran herabstreichen, um Alles aus der Fahne zu entfernen, was sich von Schmutz daran festgesetzt hat; sie schütteln sich oft auf den Sitzstangen im Schlage, um den Staub aus den Federn, oder das Ungeziefer daraus zu entfernen. Eine muntere muthige Taube wird daher selten schmutzig erscheinen; geschieht dies, so ist es eine Krankheitserscheinung, denn eine Taube, die träge im Schlage umhergeht und aufgefiedert sitzt, verliert die Lust zum Reinigen und Putzen; die Schwanzfedern und Flügelspitzen sind dann mit Excrementen, Sand rc. besudelt, als sicheres Zeichen einer vorhandenen Krankheit, die man bald entdecken wird, wenn man einer solchen Taube Aufmerksamkeit schenkt. Selten verunreinigen die Tauben ihr Nest; schon die Jungen, wenn sie sich ihres Unrathes entledigen wollen, kriechen gleich einem Krebse, rückwärts in die Höhe an den Rand des Nestes und lassen ihn über dasselbe hinaus auf den Boden fallen.

Die Tauben besitzen Muth und Furcht und die letztere in einem hohen Grade. Der Muth zeigt sich bei ihren Händeln um die Täubinnen, um die Bewahrung eines Nestes, um die Vertheidigung einer Sitzstange oder eines Sitzplatzes, wobei sie dann den Schnabel und die Flügel in Anwendung bringen und sich muthig angreifen. Nähern sich ihnen aber Raubthiere, wie der Iltis, der Marder, die Katze rc., so löst sich ihr Muth und Zorn sofort in Furcht und Angst auf, ja die Furcht ist so groß, daß gleich alle die Nester und Sitzstangen verlassen, und sich, wie die Schafe, in die Ecken des Schlages auf einander drängen, oder sie suchen durch die Flugöffnung zu entkommen; allein die Mehrzahl, durch die Todesangst übermannt, bleibt dicht nebeneinander, wie eine Mauer stehen; kurz alle Regsamkeit, alle Lebendigkeit, jeder Ton der Stimme hat aufgehört, und sie erholen sich erst dann wieder, wenn die Gefahr längst vorüber ist. Die Tauben sind aber auch sehr einfältig, und lassen sich leicht in einem andern Schlage oder durch Fangkasten einfangen. Mit der größten Gelassenheit lassen sie sich ihre Jungen aus dem Neste wegnehmen; jede andere Art von Vögeln würde einen solchen Ort, wo ihr das Liebste genommen wurde, nie wieder zum Brüten benutzen, die Taube aber vergißt ihren Verlust am selben Tage, begattet sich von Neuem, legt ihre Eier wieder in dasselbe Nest, aus welchem man ihr die Jungen genommen, und übt nach wie vor den Erziehungs- und Verpflegungsproceß.

Die eheliche Treue ist bei keinem andern Thiere so fest, als bei den Tauben. Wenngleich der Täuber während des Brütens der Täubin, sobald er vom Brutgeschäft befreit ist, sich oftmals andere Taubinnen zum Begatten (Treten) sucht, so hängt er dennoch immer an seiner ihm angehörigen Gattin, und nur selten ereignet sich der Fall, daß er die Täubin sammt den Eiern oder Jungen verläßt und sich an ein anderes Weibchen paart. Noch seltener findet man diese eheliche Untreue oder gänzliches Abscheiden von Seiten der Täubin, und bei ihr während des Brütens und Aufziehens der Jungen gar nicht.

Das Alter der Tauben berechnet man gewöhnlich auf 20 bis 24 Jahre; zur Zucht sind sie aber nur 10 bis 12 Jahre tauglich. Das erste Lebensalter der Taube kennzeichnet die piepende Stimme, der aufgetriebene weiche Schnabel, seine Ränder und Winkel, das ausdruckslose Auge, die Blässe der unbefiederten Theile, und das glanzlose Gefieder. Nach dem ersten Federwechsel, innerhalb eines Jahres, sind diese Kennzeichen der Kindheit gewichen, die Taube ist mannbar geworden, ihre Stimme ausgebildet, das Auge hat seine bleibende Farbe und den lebhaften Ausdruck angenommen; die nackten Körpertheile, besonders die Augenringe und die Beine, sind mehr oder minder lebhaft roth gefärbt, das Gefieder ist vollständig und glänzender, die Taube ist taubenhalsiger geworden, und zeigt die erlangte Selbstständigkeit durch ihren Paarungsruf. Das Alter einer solchen Taube läßt sich nach dem Gesagten bis zum 2. Jahre bestimmen. Von da an 4 — 5 und mehrere Jahre, während dessen der metallne Glanz der Halsfedern immer mehr zunimmt, die Beine und Füße dunkler und weißschuppiger, die Nägel länger und gekrümmter, die Nasenhaut dicker, krustiger und weißpudriger werden, läßt sich das Alter aufs Jahr nicht mehr bestimmen. Die Taube kann in diesem Stande der Kraft und Brauchbarkeit je nach Individualität und Race lange bleiben, aber sie kann auch, namentlich die Täubin, schon nach 5 — 6 Jahren unbrauchbar geworden sein.

Das hohe Alter erkennt man leicht an der dicken, harten, tiefgefurchten, dickbepuderten Schnabelhaut, dem schartigen Schnabel und den körnigen größeren oder kleineren Auswüchsen an seiner untern Hälfte, an den Mundwinkeln, welche, nebst den Schnabelrändern, schwärzlich und verhärtet sind, der dicken Haut um die Augen, den stärkeren, harten, schwärzlich, blaurothen, hornartig und rauhschuppigen Beinen und Füßen, den stark gebogenen und langen Nägeln, der verschossenen Farbe des Gefieders und dem Verschwinden aller Munterkeit. Zu denjenigen Arten, welche nur einige Jahre zur Zucht tauglich sind, gehören alle feineren Racen und namentlich solche mit schönem rothen oder gelben Gefieder.

Zweites Kapitel.

Die Wohnungen der Tauben.

Es giebt dreierlei Arten Behältnisse, in welchen man die Tauben zu halten pflegt: Taubenkasten, Taubenschläge, Taubenhäuser.

Taubenkasten nennt man solche Behälter, die länglich viereckig aus Brettern zusammengeschlagen, an den Wänden reihenweis übereinander befestigt werden und mit Fluglöchern und Trittbrettern versehen sind, wobei die Mauer oder Wand die Stelle der Rückwand vertritt. Alle Ritzen an diesen Kasten müssen sorgfältig mit Kalk verstrichen werden, um nicht allein das Eindringen der Kälte und des Regens zu verhüten, sondern auch das Ungeziefer abzuhalten, damit es nicht eindringen und seinen Aufenthalt darin nehmen kann. Auch ist es gut, wenn die dazu benutzten Bretter richtig abgehobelt worden sind, indem sich an den ungehobelten, rauhen Brettern die Taubenläuse leichter ansetzen und ihre Eier hineinlegen können. Eine Reihe solcher Kasten ist gewöhnlich 30 Centimeter hoch, auch etwas darüber; die Länge von jedem Fache ist 60 Centim. Mitten in dem Kasten ist ein viereckiges oder oben bogenförmiges Loch als Flugloch ausgeschnitten. Sind solche Kasten für Feldtauben, oder andere Tauben von derselben Größe, z. B. für Farbentauben u. dergl., bestimmt, so ist das Loch groß genug, wenn es 15 Centimeter hoch und 10 Centimeter breit ist. Sind aber die Kasten für größere Taubenarten bestimmt, so müssen sie, wie auch die Fluglöcher, größer sein. Wenn möglich, bringe man solche Kasten so an, daß die vordere Seite gegen Morgen zu stehen kommt; wollte man sie nach Abend hin richten, so würden sie dem Wetterschlage und Winde zu sehr ausgesetzt sein. Aus einer solchen an der Abendseite angebrachten Wohnung entfernen sich die alten Tauben gern, die jungen sterben sehr leicht, zumal im Frühjahr und Spätherbst, wo gewöhnlich sehr rauhe Winde wehen. Diese Art Wohnungen sind jedoch nicht besonders zu empfehlen; das Ungeziefer vermehrt sich, bei aller Vorsorge, in ihnen weit leichter und stärker, als in großen Behältnissen; auch kann man die Jungen nicht so bequem flügge werden lassen, bis sie zum Verspeisen tauglich sind, zumal die vom Geschlecht der Feldtauben, da sich diese nicht so lange in ihrem Neste aufhalten, bis sie vollkommen flügge sind; denn bei dem geringsten Geräusche, beim Anlehnen einer Leiter schon ergreifen sie die Flucht, noch ehe man hinaufsteigen kann, und sind dann so leicht nicht wieder zu fangen; auch hält es schwer einer solchen Taube, wenn sie krank werden sollte, habhaft zu werden, um ihr die nöthigen Hülfsmittel angedeihen zu lassen.

Eine andere Art von Taubenbehältern sind die sogenannten Taubenschläge, die weit bequemer und vortheilhafter sind als die eben erwähnten. Es sind diese Taubenschläge Kammern ähnliche Räume, die man gewöhnlich unter den Dächern der Häuser oder Ställe, am liebsten im Dachgiebel anbringt. Die Größe eines solchen Schlages muß so beschaffen sein, daß die Tauben nur den vierten Theil des Bodens bedecken. Denselben übertüncht man mit Lehm, denn dieser schützt sehr gegen das Ungeziefer und läßt keinen Schmutz durchfallen. Es müssen alle Ritzen und Löcher, vorzüglich die, welche sich zwischen den Dachlatten, die auf den Dachsparren aufgenagelt sind, befinden, sorgfältig mit einer Masse von Glasscherben und Lehm, oder Kalk und Ziegelstückchen verstrichen werden, um das Eindringen der Ratten und Wiesel zu verhindern. Die Thür muß ebenfalls gut anschließen und passen, damit sich die genannten Feinde nicht durcharbeiten können; auch ist es gut, wenn sie mit einem Schlosse versehen wird, damit sie nicht Jedermann öffnen kann. Bei dem innern Ausbau eines Schlages hat man Verschiedenes zu beobachten. Will man z. B. die Nester übereinander unter dem Dache anbringen, so nagele man ein 30 Centimeter breites Brett an den Dachsparren an, so lang die Dachsparren im Schlage sind. Diese Bretter versehen zugleich die Stelle der Scheidewand zwischen den Nestern, welche sehr nothwendig ist. Die Scheidewand muß soweit vorgehen, daß die Thiere nicht von einem Neste zum andern kommen können, noch ein Paar das andere im Neste sehen kann; denn können sie bequem von einem Neste zum andern kommen, so nimmt ein Paar eine ganze Reihe Nester ein, in denen 3 bis 4 Paare füglich Platz genug zum Brüten hätten. Will man Nester an einer graden Wand anbringen, so ist es das Vortheilhafteste, wenn man mehrere Fächer reihenweis über einander befestigt. Jedes dieser Fächer muß 30 Centimeter hoch und eben so tief sein, für die Länge reichen 60 Centim. hin. Werden aber diese Fächer für große Tauben angelegt, z. B. für Kropf-, Türkische-, Bagdetten- oder großlatschige Trommel-Tauben, so ist es besser, wenn sie etwas größer gemacht werden.

Je nach den verschiedenen Gegenden bedient man sich verschiedenartiger Nestkörbe, sowohl hinsichtlich des Stoffes, aus dem sie gefertigt sind, als hinsichtlich der Form. Man hat aus Holz gedrehte, aus Thon geformte, aus Stroh und Reisern geflochtene, viereckige, längliche und runde Nester. Die besten unter allen sind die aus wilden Reben oder ungeschälten Weiden geflochtenen, runden schüsselförmigen Nestkörbe, je nach der Größe der Taubenarten, welche man züchtet, 16 bis 18 Centimeter im Durchmesser und 5 bis 8 Centimeter in der Mitte tief. Aus allzu flachen Nestern kriechen und fallen die Jungen leicht heraus, und aus zu tiefen Nestern können sie schlecht misten. Die eben beschriebenen Nestkörbe entsprechen der Natur und Gewohnheit der Tauben, sie sind luftig, dauerhaft und leicht zu reinigen, was nach jeder Brut durch 24stündiges Einweichen in Wasser, oder noch besser durch Brühen in heißer Lauge und durch Ausbürsten geschieht. Die aus Thon geformten, in England gebräuchlichen Nester halten zwar das Ungeziefer am wenigsten und sind am leichtesten zu reinigen, allein nicht luftig genug und leicht zerbrechlich. Man nagelt diese Nester entweder auf 5 Centimeter hohe und aus 2 Centimeter dickem Brett gefertigte, viereckige Rahmen, welche 5 Centimeter weniger im Durchmesser halten, als die darauf zu befestigenden Nestkörbe, damit deren Ränder 2 Centimeter darüber hinausragen, oder auf viereckige Brettchen, durch Klötzchen auf den vier Seiten gestützt, überall so, daß die Nägelköpfe tief versenkt sind und die Nägelspitzen nirgends hervorstehen. Rahmen und Bretter müssen so schwer sein, daß, wenn auch beide Tauben nach einer Seite hin auf den Rand des Nestkorbes treten, dieser doch nicht umstülpt. Das Nest darf nicht in die Mitte des Faches gesetzt werden, sondern an eine Seite desselben. An derselben Seite befestigt man ferner ein Brett, so breit das Nest ist, damit dasselbe etwas verdunkelt wird, was die Tauben beim Brüten sehr gern haben und die Jungen vor dem leichten Herunterfallen aus dem Neste schützt, zumal wenn sie sich von den Alten füttern lassen. Es will dann gewöhnlich jedes das vorderste sein, jedes drängt sich hervor, und fällt in seiner Gier leicht aus dem Neste und nimmt Schaden. Denselben Schutz gewährt dieses Seitenbrett auch bei dem Misten, wobei die Jungen gewöhnlich den After zu weit über das Nest strecken, um dasselbe nicht zu beschmutzen.

Es ist sehr gut, wenn man vor jeder Fächer-Reihe, in einer Entfernung von 20 bis 24 Centimetern von derselben, eine Ruhestange anbringt, auf welche sich die Alten oder jung Ausgeflogenen setzen können, damit sie die Fächer mit ihrem Unrathe nicht beschmutzen; des Nachts schlafen sie auch gern auf solchen Stangen. Auf diesen Stangen oder Latten müssen aber ebenfalls Unterschiede angebracht werden, sonst würde sich ein Täuber zum ausschließlichen Herrn einer solchen machen und wenn sie die Länge von 4 bis 6 Fächern enthielt. Dieser würde dann keine andere Taube darauf setzen lassen und alle Fächer, so lang die Stange ist, zu behaupten suchen, denn Tauben sind oft mißgünstig gegeneinander; keine gönnt der andern einen Platz in ihrer Nähe, besonders da, wo sie ihr Nest zum Brüten haben, oder wo ihre Schlafstelle ist.

Die unterste Reihe der Fächer muß vergittert werden, damit man Behälter hat, in welche man neue Tauben, die erst in den Flug kommen sollen, einsperren kann. Es ist sehr rathsam, solche neu hinzugekommene auf diese Art an die schon im Schlage heimischen zu gewöhnen, und erstere mit letztern zu befreunden. Ferner lassen sich solche Gitterbehälter gut für kranke Tauben benutzen, welche man sogleich von den gesunden absondern und einsperren muß; denn man hat mehrere Krankheiten bei den Tauben, die ansteckend sind, und es bleibt dabei immer räthlich, den Raum, in welchem man einmal einen Patienten abgesperrt hatte, ausschließlich für etwa Erkrankende, gewissermaßen zu einem Tauben-Lazarethe aufzuheben.

Endlich muß man noch eigene Behälter haben, die etwas geräumiger sein müssen, als die eben beschriebenen, in welche man Tauben beiderlei Geschlechts einsperrt, um sie nach Wunsch und Willen paaren zu können. Es ist aber besser, wenn solche Behälter nicht in demselben Schlage angebracht werden, sondern an einem andern passenden Orte, damit die Eingesperrten keine andern Tauben sehen und sich desto leichter paaren. Auch muß man in einem solchen Behälter ein Nest anbringen, welches ihnen mehr Reiz zur Paarung giebt. Ein solcher Paarkasten besteht aus einem einfachen Verschlage von Draht, in der Mitte getheilt, so daß der Täuber in die eine Abtheilung und die mit ihm zu paarende Täubin in die andere Abtheilung kommt. Sobald sich der Täuber der Täubin nähert, können sie zusammengelassen werden, und sowie er die Täubin zum Neste treibt, kann man sie als gepaart betrachten und wieder in den Schlag bringen. Zuweilen muß man sie einige Tage länger abgesondert halten, meistens unterliegt es jedoch fast gar keiner Schwierigkeit, Tauben beliebig zu paaren. Ein Uebelstand ist in jedem Schlage sorgfältig zu vermeiden, nämlich Ueberfluß an Täuber, da einzelne derselben fortwährend die gepaarten Täubinnen verfolgen, sie von den Eiern treiben, allerhand Störung verursachen, und werthvolle Bruten vernichten.

Die Fluglöcher in einem solchen Schlage dürfen nicht, wie gewöhnlich, unten am Boden, sondern wenigstens 60 Centim. hoch über demselben angebracht werden; denn es trifft sich gar häufig, daß die jungen Tauben, die unten auf dem Boden ausgehöhlt worden sind, wenn sie den Alten nachlaufen und gefüttert sein wollen, durch diese Löcher kriechen und bei ihrem unsichern Tritte vom Flugbrette herabfallen, sich Schaden thun oder eine Beute der Katzen werden. Sind es Feldtauben, die einen Schlag mit unten am Boden angebrachten Fluglöchern bewohnen, so muß man es sich vollends oft gefallen lassen, daß die Jungen, bei ihrer angebornen Wildheit, die Flucht nehmen, sobald man in den Schlag kommt. Um solchen Unannehmlichkeiten und Verlusten vorzubeugen, ist es nöthig, daß man an jedem Flugloche, welches sich im Schlage befindet, ein Fallgitter hat, das man erst zufallen läßt, ehe man hineingeht. Ein solches Fallgitter wird auf folgende Art angebracht: man befestigt es inwendig über dem Flugloche zwischen zwei Hohlleisten, die in Falzen laufen, worin es leicht und willig geht, so daß man es bequem auf- und niederlassen kann. Es muß eng gegittert sein, daß sich kein feindliches Thier durchzwängen kann. Am besten thut man, dasselbe von Eisendraht zu fertigen und unten mit einem Gewicht zu beschweren, damit es von keinem Thiere gehoben werden kann. Den Zug desselben muß man immer so leiten, daß er oben an der Decke anliegend wegläuft.

Will man blos ein Flugloch im Schlage anbringen, so muß es 30 Centimeter hoch und 60 Centim. lang sein; jedoch ist es besser, mehrere Ausflüge anzubringen, denn sicher sucht sich ein Täuber zum Herrn eines solchen Flugloches zu machen, welches er dann beständig besetzt und die andern Tauben am Aus- und Einziehen verhindert. Vor jedem solchen Loche muß ein Trittbrett angebracht werden, welches man auf verschiedene Arten machen kann. Die gewöhnlichsten und besten sind die, welche ich auf Taf. IV und Taf. XII abgebildet habe. Diese Bretter, welche auf zwei Armen liegen, kann man zugleich auch als Fallgitter benutzen, wenn man dieselben hinten am Flugloche mit zwei Bändern befestigt, so daß man sie, die doch eigentlich das Trittbrett bilden, auf- und zuschlagen kann. Die Zugleine muß ebenso wie bei dem Fallgitter eingerichtet werden. Verdunkelt auch diese Vorrichtung den Schlag, so sind solche Zugbretter doch sehr gut, da sie im Winter gegen Schneegestöber und kalte, rauhe Winde den besten Schutz gewähren.

Bei den Flugtauben, d. h. den Tauben zum Jagen, ist es nöthig, den Schlag auf dem obersten Boden des Hauptgebäudes oder auf dem Eckboden des Seitengebäudes anzulegen, und nach der Größe des Fluges richtet man die Abtheilung desselben ein. Man bringt den Schlag am Ende des Hausbodens an, so daß man von der einen Seite die Mauer hat, und steht das Gebäude nur von einer Seite frei, so wähle man diese Seite und hier die äußerste Spitze des Bodens, um dadurch eine freie Aussicht zu haben, wenn die Tauben fliegen. Zu groß darf der Taubenschlag nicht sein, weil man andernfalls über die Tauben keine Uebersicht erhält, und sie nicht leicht greifen kann, auch sitzen sie im Winter wärmer. Nimmt der Taubenschlag 3 bis 4 Dachsparren ein, so wird er eine Länge bis 3 Meter und eine Breite von 2½ Meter haben, und eine Höhe, nach dem Verhältniß des Daches, etwas über 1½ Meter. Dieser Raum reicht für 10 Paare Tauben aus. Zwischen den beiden Mittelsparren des Taubenschlages wird das Schauloch eingeschnitten, und dicht daran der sogenannte Hau- oder Haubenkorb. Bei dem Schauloche, welches so weit sein muß, daß man bequem mit dem Obertheil des Körpers heraus kann, wird das Futterbrett angebracht, das eine wagerechte Lage haben und auf zwei Ständern ruhen muß. Damit das Futter nicht herabrollen kann, wird es mit einer 3 Centimeter hohen Leiste eingefaßt. Das Schauloch ist mit einem Rahmen, der eine Rinne hat, umgeben, welcher unter das Futterbrett so weit durchgeht, als das darin laufende Brett Raum nöthig hat, um beim Oeffnen des Schauloches, welches dadurch geschlossen wird, herabgeschoben werden zu können. An das Brett ist oben in der Mitte ein Strick oder ein Riemen befestigt, mit welchem es heraufgezogen und innerhalb befestigt werden kann. Ferner trifft man die Einrichtung, daß sowohl der Ausgang als der Eingang für die Tauben durch ein Kriechloch genommen werden muß. An dem oberen Theile dieses Kriechloches hängt eine kleine Rolle, die sich vermöge eines Drahtes bewegt, welcher durch die Rolle geht und an den stärkeren Latten des sogenannten Hamburgers auf beiden Seiten befestigt ist. Von dieser Rolle hangen zwei andere Drähte herunter, etwa 5 Centimeter von einander abstehend, damit die Taube Kopf und Hals hindurchstecken kann. Die Drähte selbst sind unten am Boden nicht befestigt, sondern lose, so daß, wenn die Taube von außen daran stößt, sie nachgeben und ihr den Eingang leicht ermöglichen. Dagegen sind die auf diese Art in den Schlag gelangten Tauben nicht im Stande, auf demselben Wege wieder herauszukommen, da die beiden lockeren Drähte von innen durch eine kleine hölzerne Querleiste, an die sie anschlagen, zurückgehalten werden nach außen hin sich zu erheben. Diese Vorrichtung ist von großem Nutzen, sie verhütet, daß spät heimkehrende und schon ausgeschlossene Tauben ein Raub ihrer Feinde werden, gestattet ihnen zu jeder Zeit freien Eingang in den Schlag und trägt wesentlich zur Beruhigung des Besitzers bei. Die Tauben gewöhnen sich übrigens sehr schnell an diese Einrichtung.

Nächst diesen zweien giebt es noch eine dritte Art von Taubenbehältern, die sogenannten Tauben-Räder oder Taubenhäuser, welche hauptsächlich in Sachsen und in anderen Gegenden Deutschlands, namentlich aber auf den Ritter- und Bauerngütern häufig vorkommen. Es sind dies von Holz gebaute kleine Häuser, die auf einer mit Blech beschlagenen runden 3 Meter von der Erde hohen Säule ruhen. Ihre Gestalt ist entweder vier-, sechs- oder achteckig oder auch rund. Die Dachbedeckung besteht entweder in mit Dachpappe benagelten Brettern, oder aus Ziegelsteinen oder Schiefer. Ein solches Taubenhaus hat zu jeder Seite ein Flugloch mit einem Fallbrette, das zum Oeffnen und Schließen des Ein- und Ausganges, und zum Daraufsitzen der Tauben dient. Das Flugloch ist viereckig, oder rund, gleich einem Bogenfenster, auch werden zwei viereckige Fensterscheiben, an jeder Hauptseite eine, angebracht, worüber enger Draht gespannt wird, damit sie nicht durch starken Hagel ꝛc. beschädigt werden können; sie dienen zur Erleuchtung bei starkem Froste, wenn die Fluglöcher geschlossen sind. Die innere Einrichtung solcher Tauben-Räder ist dieselbe wie bei den Taubenkästen. Im Uebrigen sind sie unbequem, nähren das Ungeziefer, lassen dem Besitzer nicht freie Gewalt über seine Thiere, und bringen häufig Verlust an Jungen.

Beim Ankauf der Tauben, wenn man einen der vorstehend beschriebenen Schläge besetzen will, muß man sich vorsehen, daß man nicht alte Tauben einkauft, oder solche, die in der Nähe geflogen haben. Will man sie zum Feldfluge haben, so müssen sie mehrere Meilen weit her sein. Man wende sich zu dem Zwecke an sachverständige Bekannte oder reelle Taubenhändler, damit man nicht gar zu kostspielige Erfahrungen macht. Der Einkauf der Tauben geschieht am besten im Frühjahre, im Monat März, auch wohl noch früher, im Febeuar, wenn dieser sich schön anläßt. Am sichersten geht man, wenn man im Frühjahr junge Tauben aus der ersten Brut kauft, da diese sich sehr leicht an ihre neue Behausung gewöhnen. Im ersten Sommer muß man dann freilich auf eine Nachzucht verzichten, sobald sich aber der Begattungstrieb zeigt, so paare man sie nach Gefallen. Man kann freilich dabei der Unannehmlichkeit nicht überhoben werden, daß man oft mehr Täuber als Täubinnen oder umgekehrt bekommt. In diesem Falle muß man natürlich wieder kaufen, oder verkaufen, um nach und nach die gewünschte Anzahl von Paaren zu erhalten.

Drittes Kapitel.

Die Kennzeichen des Täubers und der Täubin; die Art der Eingewöhnung.

Die Frage: wie ist die Täubin von dem Tauber mit Sicherheit zu unterscheiden? ist schwer zu beantworten, und doch ist sie außerordentlich wichtig beim Ankaufe der Tauben von Händlern auf dem Markte; auf ihren Taubenschlägen gelangt man leichter und sicherer dazu, den Unterschied zu sehen, und aus diesem Grunde ist jedem Taubenliebhaber, der sich Tauben anschaffen will, zu rathen, den Taubenverkäufer auf seinem Schlage zu besuchen, um daselbst zu sehen, ob der Täuber die zum Kaufe gewünschte Taube treibt und sie sich treiben läßt und dabei koquettirt. Geschieht dies, ohne daß sie mit dem Schnabel auf ihn einhaut, sich seinen Bewerbungen widersetzt, so ist es eine Täubin, denn junge Tauben werden oft auch von den alten Täubern getrieben, allein jene benehmen sich ganz anders dabei, und suchen sich ihnen zu entziehen. Der Taubenkenner selbst wird nicht selten beim einzelnen Urtheilabgeben über eine Taube getäuscht, namentlich bei den feineren Racen, die sich dem Aeußeren nach vollkommen ähnlich sehen. Allerdings liegt in dem Habitus der Täubin gegen den des Täubers etwas, was von demjenigen, der sich viel und lange mit Tauben beschäftigt hat, sofort bemerkt wird. In der Haltung erscheint die Täubin etwas schmaler, dünner gegen den Täuber, der eine etwas breitere, vollere Brust und ein kühnes, muthvolleres Aussehen, einen scharfen Blick hat. In dem der Täubin liegt etwas Sanfteres, auch scheint sie beweglicher in der Drehung des Körpers und zeigt mehr Grazie, besonders wenn sie von dem Täuber getrieben wird, dessen männlicher Charakter hier mehr hervortritt und nicht das Biegsame der Täubin zeigt, wenngleich auch seine Galanterie sich auszeichnet. Die gewöhnlichen Kennzeichen, die man in der Regel angiebt, trügen oft, wenigstens sind sie nie maßgebend für den Geschlechtsunterschied als untrügliches Zeichen; selbst alte Taubenhändler sind hierin nicht einig und fehlen gar oft in der Angabe bei einzelnen Tauben, die man ihnen zur Beurtheilung übergiebt.

Die allgemeinen Kennzeichen sollen sein: Der Täuber hat einen stärkeren Kopf, einen etwas längeren und stärkeren Hals, längere und stärkere Beine und lebhaftere Farben, besonders der Metallglanz der Federn am Halse und auf dem oberen Theile der Brust, wogegen bei der Täubin diese Farben lange nicht so glänzen, sondern matter hervortreten; die Haltung ist aufrecht, der Gang stolz, die Knochen am Bauche, Schamknochen genannt, sind beim Täuber enger, als bei der Täubin, bei der sie oft daumbreit auseinander stehen. Als besondere und untrügliche Kennzeichen giebt man den Schnabel an, der bei dem Täuber stärker keilartig und kürzer von der Wurzel aus ist, als bei der Täubin, die einen längeren und kaum bemerkbar schwächeren und biegsameren Schnabel hat, um damit die aus dem Ei gekommenen Jungen zu füttern. Diese sehr wichtige für die noch zarten Jungen abweichende Schnabelform der Täubin von dem Täuber, ist als Kennzeichen wohl zu beachten, wird aber häufig übersehen, besonders bei einzelnen Tauben in der Hand; die Schnabelwurzel ist beim Täuber stärker, als bei der Täubin, deren Oberschnabel unterhalb der Nasenhaut etwas eingedrückt ist. — Erfaßt man den Täuber mit der Hand, so ist er weit unruhiger, als die Täubin, und sucht sich loszumachen, wobei er stark knurrt, zieht man dem Täuber, während er in der einen Hand gehalten wird, den Schnabel vorwärts, so zieht er den Kopf wieder an sich, während es die Täubin gutwillig leidet. Ferner ist das Rucksen oder Gurren der Täuber viel anhaltender und stärker beim Treiben, als das Rucksen einer Täubin, was ja viel seltener vorkommt. Wenn auch einzelne Täubinnen sich wenig in der Stimme von dem Täuber unterscheiden, zuweilen sogar selbst den Begattungsakt mit einander vollziehen, so ist dem Täuber doch nur allein das sogenannte Treiben der Täubin eigen; d. h. er läuft der Täubin nach, sucht sie nach einem bestimmten Nestplatz zu treiben, was sich die Täubin in der Regel auch gefallen läßt und durch ein deutliches Kopfnicken ihre Geneigtheit zu erkennen giebt. Die Täubin macht auch zuweilen Sprünge auf den Täuber los, besonders wenn die Begattung stattgefunden, wobei sie den Schwanz an der Erde nach sich zieht. Die Täubin ist in allen Körpertheilen zarter, sie wiegt auch leichter, ihr Kopf ist länglich und dünn, die Kehle geschmeidiger, der Hals dünner, sie steht niedriger. Sie zittert öfter mit den Flügeln, und ist ihr Benehmen, mit Ausnahme, wenn sie Junge hat, schüchterner. Setzt man mehrere Paare Tauben in einen engen Behälter zusammen, so stehen die Täuber aufrecht und rucksen und streiten mit einander, während sich die Täubinnen still niederducken, und wenn sie einmal hacken, geschieht es meistens ohne oder nur mit einem ganz kurzen Rucksen. Wenn junge Täubinnen paarungslustig werden, treiben sie zuweilen andere ihres Geschlechtes mit allen Geberden eines Täubers, was sich aber sofort ändert, wenn sie selbst von einem wirklichen Täuber getrieben werden. Dann brüsten sie sich, laufen stolz und langsam voraus, hüpfen bald vor, bald gegen den Täuber, nicken mit dem Kopfe, breiten den Schwanz aus, lüften die Flügel, lassen sie auseinander fallen oder hängen. — Das bloße Erkennen des Täubers und der Täubin am und im Ei ist eben so ungewiß, wie die andern angeführten Merkmale, die auf Täuschung beruhen. So soll das etwas dickere und bauchigere Ei, welches die Täubin zuerst legt, das dadurch auch kürzer erscheint, der Täuber, und das zweite Ei, welches etwas länger und nicht so bauchig ist, die Täubin sein. Dies ist eine Annahme, die sehr oft täuscht, ebenso wie die, daß wenn man im Ei, gegen das Licht gehalten, den darin bemerkbaren Keim gegen das Ende hin erblickt, es ein Täuber, dagegen wenn er sich mehr in der Mitte befindet, es eine Täubin sei, die ausgebrütet werde.

Viertes Kapitel.

Die Paarung der Tauben und die Aufzucht der Jungen.

Der Monat Februar oder März, je nachdem der Winter streng und kalt war, ist die geeignetste Zeit zur Paarung der Tauben, da dann der Begattungstrieb bei ihnen aufs Neue erwacht. Bei der Paarung sehe man zunächst darauf, daß die beiden Geschlechter gesund und weder zu alt, noch zu jung sind, ferner, daß die zu verpaarenden Thiere kein Nestpaar oder allzu nahe Verwandte, und im Alter und Temperament verschieden sind, und endlich, daß sie nicht eine entschiedene Abneigung gegen einander zeigen, in welchem Falle sie doch wieder auseinander gehen.

Man sperrt die aneinander zu paarenden Tauben, wo möglich entfernt von den übrigen, in den schon früher beschriebenen Paarkasten, versieht sie mit reichlichem erhitzendem Futter (Rübsen, Hanfsamen), auch mit einem Korbneste und etwas Nistmaterial, und wird man auf diese Weise in wenigen Tagen seinen Zweck erreicht sehen. Aeltere Tauben, sowie frisch von einander gepaarte, nähern sich schwerer und in manchen Fällen gar nicht. Solche sperrt man, von einander getrennt, eine jede allein in einen Kasten, so daß sie die anderen Tauben weder sehen, noch hören können. Nach einigen Tagen bringt man die Täubin zu dem Täuber in den Kasten und stopft jedem von ihnen einigemal, eine Bohne groß, rohen Knoblauch ein, welcher stimulirend wirkt und nicht schadet.

Läßt man solche Tauben, nachdem sie angepaart sind, frei, so müssen sie, wenn sie Abgepaarte waren, längere Zeit von ihren früheren Gatten gehalten, und auch diese, wenn nicht gänzlich aus dem Schlage entfernt, gleichzeitig anderweitig verpaart werden, wenn beide Paare später bei einander wohnen sollen.

Will man gepaarte Tauben umpaaren, so warte man damit bis die Täubin das zweite Ei gelegt hat, nehme sie davon und verfahre mit ihr, wie angegeben. Man ist dann sicher, daß sie nach ihrer neuen Verpaarung Eier legt, die nicht von ihrem ersten Gatten befruchtet sind. Zuweilen paaren sich Tauben durchaus nicht im Kasten, thun es aber sofort, wenn man ihnen die Freiheit giebt. Manche paaren sich wieder nie im Schlage, sondern nur außerhalb desselben, und auch umgekehrt, andere gern immer auf einer und derselben Stelle. Täubinnen sehr großer Art lassen sich häufig nicht gerne mit kleinern Täubern verpaaren, und sehr große, lange Täuber können mit kleinen Täubinnen die Begattung nicht, oder nicht leicht vollziehen.

Die Trennung der Paare geschieht am leichtesten während der Mauser, wo der Geschlechtstrieb ruht. Zu dieser Zeit kommen auch die freiwilligen Trennungen am häufigsten vor, und gehen meistens von der Täubin aus. Ist die Paarung vollzogen, so geht der Täuber unter vielen Komplementen und Rucksen um die Täubin herum; bezeigt diese Lust, sich zu begatten, so nickt sie dem Täuber zu, um ihm verstehen zu geben, daß sie nicht abgeneigt sei, seine Liebkosungen anzunehmen und seine Wünsche zu erfüllen. Dann geht sie stolz vor dem Täuber her, welcher ihr auf dem Fuß folgt und mit girrendem Rucksgesange nachgeht und nachfliegt, was man Treiben nennt. Hält die Gattin Stand, wozu sie sich oftmals lange nöthigen läßt, so giebt ihr der Gemahl durch das Reiben des Kopfes auf seinem Rücken zu verstehen, daß er sich mit ihr vereinigen will; die Täubin kommt hierauf zu ihm und er füttert sie, was man Schnäbeln nennt. Dieses wird einige Male wiederholt und dann erst erfolgt die Begattung. Nach derselben gehen beide Gatten einige Augenblicke stolz einher, oder fliegen spielend, mit den Flügeln klatschend eine Strecke in der Luft herum, oder der Täuber setzt sich nieder, um sich von der Täubin treten zu lassen, worauf beide stille sitzen und ihr Gefieder in Ordnung bringen. Nun suchen sie sich einen Ort, wo sie ihr Nest zum Brüten bauen wollen. Der Täuber hält dabei den Kopf tief auf den Boden und ruft die Täubin mit einem heulenden Tone; die Täubin kommt auf ihn zu, breitet den Schwanz und die Flügel auf dem Boden, krabbelt dem Täuber mit dem Schnabel auf dem Kopfe herum, wodurch sie ihm ihre Liebe und Unterwürfigkeit bezeigt. Einige Tage darauf setzt sich die Täubin an dieser Stelle nieder, und der Täuber fängt an, ihr Reiser, Federn und Strohhalme zuzutragen, welche die Täubin bemüht ist sorgfältig um sich herum zu legen und das Nest zu bauen. Dieses bauen sie nicht künstlich, auch nicht aus weichem Material, am liebsten aus schwachen Reisern, wenn sie solche genugsam finden, wozu sie dann wenig oder gar keine Strohhalme eintragen. Viele tragen gar nichts ein, und legen ihre Eier auf den glatten Boden, oder in das von Stroh geflochtene Nest, welches gewöhnlich die Form einer Backschüssel hat. Einige Tage vorher, ehe die Täubin die Eier legt, treibt sie der Täuber beständig vor sich her, nach dem Neste zu, und läßt ihr kaum so viel Zeit, daß sie Nahrung zu sich nehmen kann. Ist die Täubin gut fruchtbar, so legt sie schon das erste Ei am 8ten oder 10ten Tag nach der Begattung, und dann den dritten Tag darauf das zweite; gewöhnlich geschieht dieses des Morgens. Wenn das zweite Ei gelegt ist, geht die Brütezeit an, und dauert im Sommer 16 bis 17 Tage, bei kälterer Jahreszeit 18 bis 19 Tage. Beide Gatten brüten abwechselnd; der Täuber vom Morgens 10 Uhr an bis Nachmittags 3 oder 4 Uhr. In dieser Zeit erholt sich die Täubin vom Brutgeschäfte und unterhält sich mit Baden, Sonnen und Fressen, worauf sie dann den Täuber ablöst und das Brüten die ganze Nacht hindurch wieder übernimmt. Nach achttägiger Brütezeit sehen die Eier dunkel aus, was das Zeichen ist, daß in solchen Eiern sich Junge befinden; sind die Eier nach 8 Tagen noch durchsichtig und hell, so kann man sie als nicht befruchtet wegwerfen. Sind sie aber befruchtet, so kommt nach 16tägiger Brütezeit aus dem zuerst gelegten Ei das Junge heraus und den folgenden Tag darauf aus dem andern Ei das zweite. Häufig kommt es vor, daß das erstgelegte Ei einen ganzen Tag eher auseinanderplatzt, als das zweite und daß sich die Hälfte der Schale des ersten Eies so fest über das zweite Ei stülpt, daß das Junge nicht herauskommen kann und dann stirbt. Ebenfalls kommt es nicht selten vor, daß am letzten Tage eins oder beide Eier kleine oder größere Oeffnungen zeigen, daß sogar der Schnabel sichtbar wird, trotzdem sind die Jungen aber nicht im Stande, die harte Schale auseinander zu sprengen, und man findet sie am darauf folgenden Tage vollkommen ausgebildet, todt in den Eiern. In der Regel geschieht dies bei einjährigen, kräftig entwickelten Paaren. Die junge Taube füllt das ganze Ei aus und es fehlt den kleinen Füßchen der Raum zum Auseinandersprengen der Eierschale. Wird man solchen Umstand gewahr, so nehme man ein kleines spitzes Messer, bohre neben dem sichtbaren Schnäbelchen recht vorsichtig hinein, löse die häufig noch sehr harte Schale und mache dem Thierchen Luft. Ist es vollkommen ausgebildet und der Oberkörper ganz trocken, so nehme man das junge Täubchen ganz aus der Schale heraus. Manchmal zeigt sich am After noch eine gelbe Substanz, man braucht deshalb darüber jedoch nicht ängstlich zu sein, denn nachdem die Alte eine Stunde wieder auf dem Jungen gesessen, hat sich diese gelbe Substanz in den Körper gezogen. Es bildet sich nun aber auch manchmal im Ei eine feine Haut über die ganze Taube, welche verhindert, daß das Junge den Kopf und Schnabel zur Zersprengung der Eierschale brauchen kann. Hat man dieses Häutchen entfernt, so richtet auch sofort das Täubchen den Kopf in die Höhe. Es geht bei der Ablösung der Eierschalen und beim Abziehen des Häutchens nicht immer ohne Blutung ab, und muß man deshalb bei dieser Operation sehr vorsichtig zu Werke gehen.

Die Alten bereiten während der Brütezeit ein Futter im Kropfe, womit sie ihre Jungen, anfangs wo selbige aus dem Ei gekrochen sind, füttern. Mit diesem breiartigen Futter, welches zu leichter Verdauung vorbereitet ist, füttern sie ihre Jungen 6 Tage lang, dann fangen sie an Körner zu füttern, welche sie mit feinem Sand oder Lehm vermischen, was die Verdauung befördern hilft. Die Alten erwärmen die Jungen fortwährend, regelmäßig abwechselnd 6 Tage lang, dann wärmen sie dieselben nicht mehr den ganzen Tag, und sind sie 14 Tage alt, so besitzen sie die Alten den Tag über gar nicht mehr, sondern blos des Nachts, wo sich dann nur die Täubin auf die Jungen setzt. Nach 4 Wochen fliegen die Jungen aus ihrem Neste und suchen sich selbst zu nähren. Die ersten Jungen, welche im Frühjahr ausgebrütet worden, sind die besten zur Zucht, weil sie immer etwas größer und kräftiger sind, als die späteren. Gute Zuchttauben machen im Jahre bis 5 Bruten; es ist aber nicht rathsam, die Tauben noch im October brüten zu lassen, da die Jungen bei eintretender Kälte dann in der Regel eingehen. Werthvollen Tauben, die schlecht brüten, nimmt man die Eier weg um sie besseren Brüterinnen unterzulegen. Verunglücken die Alten während der Aufzucht der Jungen, so muß man die Auferziehung selbst übernehmen, was am einfachsten durch regelmäßiges, dreimaliges Stopfen und Tränken während des Tages, mit aufgequellten Erbsen oder Wicken geschieht; am leichtesten geht dies mit einer dünnen Spritze, die man bis in den Kropf führen kann; die übrige Zeit, namentlich wenn sie noch nicht befiedert sind, muß man sie warm halten, doch nicht heiß; sind sie noch nackt, so deckt man sie mit einem wollenen Lappen zu. Ohne Wärme verdauen sie nicht und gehen zu Grunde. Bei der Fütterung aus der Hand verfährt man wie folgt:

Man setzt das Junge fest, hält es mit dem Ballen der linken Hand, welcher auf seinem Rücken ruht, und den drei Fingern nieder, indem man gleichzeitig mit dem Daumen und Zeigefinger derselben Hand den Schnabel öffnet. Nun läßt man das in der rechten Hand befindliche Futter nach und nach in den geöffneten Schnabel laufen, oder steckt es hinein, giebt dem Thiere aber immer Zeit zum Schlucken, indem man den Schnabel jedesmal losläßt. Wer darauf eingeübt ist, kann auch mit dem Munde füttern, was den Vorzug verdient, weil beim Füttern mit der Hand der noch weiche Schnabel der jungen Taube leicht verdreht wird und dann für immer so bleibt. Man füttert die Jungen in dieser Weise täglich zweimal, jedesmal so viel Körner, als man zwischen Daumen und Zeigefinger fassen kann, auch ist es gut, einige Körner Sand und Salz mit einzugeben. Man stopft den Kropf nur mäßig voll und giebt nach dem Futter verschlagenes Wasser aus dem Munde, indem man den Schnabel der Taube in denselben nimmt. Fühlt sich der Kropf einige Zeit nach dem Trinken wieder hart an, so tränkt man sie nochmals, was nicht versäumt werden darf.

Jungen Tauben muß man, so oft sie die Füße beschmutzt haben, dieselben mit warmem Wasser reinigen, wobei man die Vorsicht gebraucht, die harten Schmutzballen, welche sich um die Nägel angesetzt haben, erst aufzuweichen und dann abzulösen, nicht aber, so lange sie noch hart sind abbröckeln, weil dabei leicht die Nägel beschädigt werden. Zuweilen treten sie sich ein Sandkorn in die weichen Fußsohlen, was sie hinkend macht, und darum behutsam herausgelöst werden muß. Zeigt eine junge Taube Symptome von Krankheit, so trennt man sie sogleich von den übrigen und setzt sie trocken und warm, aber luftig, um ihre Heilung zu versuchen.

Zu einer ersprießlichen Taubenzucht gehört vor allem: eine gute Abwartung, Reinlichkeit, nicht überfüllte Lokalität, mäßige Fütterung im Winter. Ferner dulde man keine ungepaarten Tauben unter den übrigen, desgl. keine zänkischen, lässigen oder liederlichen Täuber, keine alten kränkelnden Thiere im Schlage. Man bringe nicht Tauben der verschiedensten Racen zusammen, sondern gleichartige, also nicht sehr kleine mit großen ꝛc. Wer viele und schöne Tauben züchten will, begnüge sich damit, eine einzige Race in mäßiger Anzahl zu halten.

Fünftes Kapitel.

Wartung und Pflege der Tauben.

Die Wartung und Pflege der Tauben besteht vor Allem darin, daß man ihnen täglich je nach Bedarf, gutes Futter reicht, und sie ebenfalls täglich mehrere Male mit reinem, frischen Wasser zum Saufen versorgt. Die ihnen zuträglichste und liebste Nahrung besteht in verschiedenen Getreidearten und Hülsenfrüchten, als: Wicken, Erbsen, Weizen, Gerste, Pferdezahnmais. Sie fressen zwar noch andere Sämereien als: Hafer Lein, Rübsen, Hanf und Roggen; doch soll letzterer in Menge genossen besonders den Jungen schädlich sein. Welches Futter man auch immer geben möge, so achte man ja darauf, nicht von ganz frischer Ernte zu füttern, denn Erbsen und viele andere Getreidesorten von neuer Ernte haben besonders bei zarten Racen die Folge, sie zu stark zu purgiren. Den Winter über, wo sie nicht brüten, ist es gut, wenn sie frugale Kost erhalten, damit sie nicht zu fett werden, was Unfruchtbarkeit im Frühjahre zur Folge hat, auch werden sie dadurch faul und träge. Sobald das Frühjahr eintritt, reiche man ihnen wieder genugsam gutes Futter, z. B. Wicken mit ⅓ kleiner Gerste vermengt; aber nur grade so viel, als sie bedürfen, so daß sie das ihnen hingestreute jedes Mal auffressen und nichts davon liegen lassen. Man gebe ihnen blos zweimal täglich ihre Kost, des Morgens und des Nachmittags; auch ist es gut, wenn man sie an gewisse Stunden, an eine gewisse Futterzeit gewöhnt; dies dient zu ihrer Gesundheit, indem es die regelmäßige Verdauung befördert. Der geeignetste Ort zum Füttern ist der Taubenschlag selbst. Man kann zwar auch auf einem Futterbrett füttern, dann muß es aber sehr reichlich geschehen, da dabei viel verloren geht. Auf dem Hofe kann man die Tauben ebenfalls füttern, jedoch nur dann, wenn kein anderes Geflügel dabei gehalten wird, welches die Tauben verdrängt, und wenn zur Zeit, wo ziemlich erwachsene Junge im Schlage herumlaufen, noch nebenbei im Schlage gefüttert wird. Ferner fressen die Tauben mit Vorliebe Salz und Salpeter, Kalk, Sandkörner, Lehm und andere pikante Schärfen, und suchen sie auf salzhaltigen Böden, namentlich an Viehsalzlecken, an Urinirplätzen, oder an alten salpeterhaltigen Lehm- und Mörtelwänden zu bekommen. Salz dient zu ihrer Gesundheit, deshalb ist es rathsam, ihnen solches in beliebigen feststehenden Gefäßen zu geben. Man nimmt gewöhnliche Erde und mengt ungefähr den vierten Theil Salz darunter, mit Wasser angefeuchtet und gehörig vermischt. Zerstoßener Mörtel (Lehm, Sand und gelöschter Kalk) wird von den Tauben begierig genascht, und dient vorzüglich den Täubinnen zur Bildung der Eierschalen. Grober Wassersand hilft zur Verdauung und sollte auf keinem Taubenboden fehlen. Will man ihnen hin und wieder einen Festtag machen, so gebe man zerstoßenen weißen Zucker, denn abgesehen davon, daß sie diesen, sobald sie daran gewöhnt, sehr gern fressen, ist er auch ein vorzügliches Präservativ-Mittel gegen manche Krankheiten, besonders bei den Jungen. Um Tauben ans Felden zu gewöhnen, läßt man sie recht hungrig werden, steckt sie sodann in einen geräumigen Käfig mit großem Ausgangsloch, trägt sie aufs Feld und streut vor den Käfig eine Quantität Futter. Nachdem sich die Tauben eine Zeit lang die Umgegend angesehen haben, zieht man in einiger Entfernung mittels einer Schnur die Thüre des Käfigs langsam auf, und die sehr hungrigen Thiere kommen aus ihrem Käfig um das vor ihnen liegende Futter begierig zu fressen. Sobald sie dasselbe verzehrt haben, fliegen sie davon und kehren in ihren Schlag zurück. Hält man nun mit der Schlagfütterung inne, so fliegen sie sehr bald, oft schon nach einer Stunde, nach dem Ort, wo sie gefüttert wurden, und von der Zeit an suchen sie beständig auf den Feldern das Futter. Man hört oft die Behauptung aufstellen, daß diese oder jene feinere Taubenrace gar nicht, oder doch schlecht feldet. Diese Behauptung ist falsch; es ist jede noch so schwerfällige Race an das Felden zu gewöhnen. Will ein Landbewohner unter seinen Feldflüchtern auch bessere Racen züchten und verlangt er von diesen, daß sie allesammt mit einander sich auf dem Felde ihre Nahrung suchen, ohne daß sie auch während des Sommers auf dem Schlage oder Hofe gefüttert zu werden brauchen, so lasse er die zu kultivirenden feineren Racen von Feldflüchtern ausbrüten und groß ziehen. Die Jungen fliegen, sobald sie flügge sind, auf alle Fälle mit ihren Pflegeeltern ins Feld. Auf diese Weise kann man nicht allein Tümmler, sondern auch Mövchen, Trommeltauben, Pfauen, Perrücken, ja selbst große Kröpfer ans Felden gewöhnen. — Als Saufnapf nimmt man ein blechernes Gefäß mit zwei Nasen an der Seite, in welche das Wasser durch kleine, unten angebrachte Löcher dringen kann; das Gefäß wird mit einem Deckel verschlossen, damit die Tauben sich nicht darin baden können. Am zweckmäßigsten sind die Englischen Trinkgeschirre von Zink, und übertreffen weitaus alle andern, weil darin das Wasser immer frisch bleibt. Das Wasser muß täglich zweimal frisch gegeben werden, und im Winter sollte es etwas erwärmt sein, ehe man es in den Behälter gießt, weil es, wenn es kalt eingegossen wird, bald friert, sich auf dem Boden nicht lange flüssig erhält. Im Sommer stellt man einigemale in der Woche eine Wanne mit Wasser gefüllt zum Baden hin, was als ein Bedürfniß nicht übersehen werden darf. Das Baden geschieht zwar nicht immer von allen Tauben, jedoch von der Mehrzahl, und muß, wenn irgend möglich, in einem besonderen Raume Statt haben, weil sie sehr viel Wasser verschwenden und dadurch den Fußboden des Schlages häufig in einen Sumpf verwandeln.

Ein weiterer Punkt von großer Wichtigkeit für die Gesundheit der Tauben ist die Anbringung einer guten Luftströmung. Der größte Theil der Krankheiten, von denen namentlich die feineren Arten befallen werden, hat seinen Grund darin, daß die Thiere in schlecht gelüfteten Räumen zusammengedrängt sind. Für einen mäßigen Luftzug muß unter allen Umständen gesorgt werden, wenn man die Thiere gesund erhalten will.

Reinlichkeit ist nicht weniger wichtig, als Ventilation, besonders da, wo viele Tauben gehalten werden, die nicht herausgelassen werden. Der Schlag muß täglich gereinigt werden, unter keiner Bedingung aber darf sich der Koth so anhäufen, daß er übeln Geruch verbreitet. Frischer Kies, Sand oder trockene Erde muß täglich dick auf den Boden gestreut werden, und darf der Schmutz, welcher sich in den Nestern und unter den Sitzplätzen sammelt, durchaus nicht überhand nehmen. Um Ungeziefer aus dem Taubenschlage zu entfernen nehme man eine Chlorkalkauflösung, bestehend in $\frac{1}{2}$ Kilogramm Chlorkalk in 8 — 12 Litern erwärmten Flußwassers aufgelöst, wodurch eine milchähnliche Flüssigkeit erzielt wird. Nachdem alle Gegenstände im Schlage von den Excrementen der Tauben gereinigt sind, wird diese Flüssigkeit mittels eines Pinsels über alle mit Ungeziefer behafteten Stellen gestrichen. Der Fußboden wird ebenfalls stark damit besprengt und kurze Zeit darauf mit einem Besen reingekehrt. Man sammle ferner so viel Cigarrenabfälle und dergl. Asche, wie man nur irgend auftreiben kann, siebe letztere durch ein feines Sieb, und streue sie $\frac{1}{2}$ Centimeter hoch in die Nester und Brutkästen. Die Cigarrenabfälle koche man in Wasser und mit dieser Abkochung besprenge man je nach Bedürfniß Fußboden, Wände und Sitzstangen des Taubenschlages. Die pulverisirte Asche dringt in alle Ritzen und Spalten, und vertreibt in den meisten Fällen das Ungeziefer radikal. Die im Taubenmist lebenden schwarzen Käfer (Tenebrio molitor L.), dessen $2\frac{1}{2}$ Centimeter lange, glänzend gelbe Larven von Mehl (daher unter dem Namen Mehlwürmer bekannt), Brod ꝛc. leben, und die sich im Juli in Puppen verwandeln, aus welchen sich nach einiger Zeit die Käfer entwickeln, sind nur dann zu vermeiden, wenn man die Schläge rein hält, denn wo man keinen Taubenkoth sich ansammeln läßt, wird es keine Mehlwürmer, folglich auch keine schwarzen Käfer geben; vorhandene Larven in Fugen vernichtet man durch Eingießen einer starken Kochsalzlösung in heißem Wasser. Vernachlässigte, unreinlich gehaltene kranke oder am Schnabel verkrüppelte Tauben haben am meisten von Ungeziefer zu leiden, und sind es hauptsächlich folgende Schmarotzerinsekten, welche man auf Tauben findet, 1) die eigentliche Taubenlaus (Pediculus columbae) von wanzenförmiger Gestalt, welche sich durch unglaubliche Geschwindigkeit im Laufen auszeichnet, wodurch sie augenblicklich hinter den Federn, namentlich an den Rippen der kurzen flaumigen Federn nahe bei den Wurzeln der Schwanzfedern, verschwindet. 2) Die Federlaus. Sie ist ein langes, dünnes ganz glattes Insekt von gelblicher Farbe, welches seinen Aufenthalt am Kopfe, am Halse und an der Brust, auch in den Schwung- und Steuerfedern hat. Sie nähret sich ausschließlich von Federfasern, welche sie zu dem Endzwecke fein durchlöchert und zerstört. 3) Die Taubenmilbe (Acarus columbae). Sie ist nur halb so groß als die Taubenlaus, und schwärzlich von Farbe. Sie stellt sich schon in den ersten Stunden nach der Geburt der jungen Tauben ein, und hält sich an den Kielen der kleinen Rücken- und Kopffedern auf, hauptsächlich aber in den Ohren und Nasenlöchern der Jungen. Das sicherste und augenblicklich helfende Mittel gegen diese Insekten ist gepulverter Sabadill-Samen. Man nimmt davon einige Prisen und streuet sie auf die Theile, wo das Ungeziefer am dichtesten sitzt, hin und wieder zwischen den Federn herum, nach kurzer Zeit stäubt man das Pulver wieder von der Taube ab, weil es sonst schädlich werden kann. Flöhe entstehen gewöhnlich da, wo Feuchtigkeit und Wärme vereinigt sind. Oefteres Besprengen des Bodens des Taubenschlages mit Kampferwasser vertreibt sie.

Ferner ist große Vorsicht nöthig, daß Taubenschläge vollkommene Sicherheit gegen das Eindringen von Ratten, Katzen und sonstigen Uebelthätern darbieten. Fremde Katzen sind besonders gefährlich, denn wenn eine Katze erst einmal Taubenfleisch gekostet hat, zieht sie es jeder anderen Nahrung vor. Man verwahre deshalb Abends alle Aus- und Eingänge des Taubenschlages sorgfältig, damit kein Feind hinein kann.

Sechstes Kapitel.

Das Eingewöhnen der Tauben.

Hoftauben, wie Kröpfer, Pfauen, Römer, überhaupt alle schwer fliegende Tauben sind leichter einzugewöhnen, als Fliegetauben (Tümmler). Hauptregel ist, daß man sie so lange im Schlage hält, bis sie sämmtlich gepaart sind, einen festen Sitz- und Neftplatz haben, und aneinander gewöhnt sind. Das Gewöhnen im Schlage selbst erreicht man am schnellsten, wenn man die Tauben beim Dunkelwerden in seither unbenutzte, geschlossen gehaltene Behälter setzt und darin schlafen und übernachten läßt. Haben sich die Tauben, wie schon bemerkt, recht ordentlich im Schlage eingerichtet, so läßt man sie an einem stillen sonnigen Tage heraus, nachdem man sie vorher nur wenig gefüttert hat. Ehe man das Ausflugloch öffnet, streut man viel reizendes Futter, wie Hanf, Rübsen, auf das Futterbrett, das sie, sobald sie das Brett betreten, gierig verzehren. Der Vorzug in Betreff der Tageszeit, ob Vor- oder Nachmittags die Tauben herauszulassen sind, gebührt bei gleichmäßig gebrauchter Vorsicht entschieden dem Vormittag, und zwar schon deshalb, weil Tauben mit wenig Ausnahme die Freiheit lieben, letztere jedoch des Gewöhnens im Schlage halber mehrere Tage hintereinander entbehren müssen, nach der wiedergegebenen Freiheit dann aber auch diese gehörig ausnutzen und genießen wollen. Dazu haben sie hinlänglich Zeit, wenn das Herauslassen am Vormittag geschieht; sie werden dann auch regelmäßig den neuen Schlag rechtzeitig wieder aufsuchen. Anders aber gestaltet sich, insbesondere bei kurzen Tagen, das Herauslassen am Nachmittag. Da tritt, bevor sie den Heimweg in die neue Heimath antreten, häufig der Abend und die Nacht zu schnell ein, die

Tauben sind dann genöthigt, auf dem Dache zu übernachten, und sind dabei der Gefahr, von Katzen ꝛc. verscheucht oder weggefangen zu werden, ausgesetzt. Eine dumme Taube gewöhnt sich am ersten Tage, wird aber auch ebenso leicht weggefangen, sobald sie zwischen Fremde geräth. Will man beim Gewöhnen ganz sicher gehen, so hefte man einen Theil der Schwungfedern, d. h. man durchsteche mit einer schwachen, eingefädelten Nähnadel die äußerste Schwungfeder in der Mitte, ziehe den Faden halb durch und binde an jedem Flügel 3, 4 bis 5 Federn, je nachdem die Taube kräftig ist, gut zusammen. Die Taube wird dadurch zwar etwas gehemmt, kann aber immer noch bequem genug die höchsten Dächer auf- und abfliegen, ohne der Gefahr des Verunglückens und des zu schnellen und weiten Fortfliegens ausgesetzt zu sein. Das letztere, wenn sie auch dazu im Stande ist, wagt sie mit gehefteten Flügeln nicht, und dabei kommt ihr sehr zu statten, daß ihr die Gelegenheit geboten wird, sich hinsichtlich der Lage und Gegend der neuen Heimath ordentlich zu orientiren. Ist das nun in hinreichendem Maße geschehen, dann schadet es nicht mehr, wenn, was allerdings öfter vorkommt, die Taube durch längeres Beißen an den Fäden denselben zerreißt und völlig frei wird. Es steht fest, daß nur wirklich gut an den Schlag gewöhnte Tauben, wenn sie das erste Mal herausgelassen werden, keineswegs die Absicht hegen fortzufliegen und dennoch kommt dies so oft und häufig vor, weil man die nöthige Vorsichtsmaßregel nicht in Anwendung brachte. Der geringfügigste Umstand kann jedoch die Veranlassung zum Fortfliegen geben. Die Taube z. B. fliegt ohne irgend welche Störung, um dem natürlichen Drange, sich einmal eine recht tüchtige Bewegung zu machen, sofort vom Schlage weg, ohne sich vorher auf ein in der Nähe befindliches höheres Dach niederzulassen, und findet sich nicht wieder zurecht, oder sie wird vom Nahen eines Raub- oder sonstigen großen Vogels auf Nimmerwiedersehen verscheucht. Vor allen solchen Eventualitäten ist man geschützt, wenn man das Heften nicht versäumt. — Bei freiliegenden Häusern, Gütern und Gehöften ist vielleicht diese, wie überhaupt jede Vorsichtsmaßregel überflüssig, wenn aber der Schlag sich in einem niedrigen, von höheren Häusern umgebenen Gebäude einer größeren Stadt befindet, so wird die Vorsicht zur Nothwendigkeit, will man sich nicht viel Verdruß und Aerger bereiten. Daß Tauben mit gehefteten Flügeln sich nicht wieder nach Hause getrauen, ist eine irrthümliche Behauptung, grade solche Tauben fliegen, wenn auch etwas vorsichtiger, sehr gern in den Schlag zurück.

Im Frühjahr und Sommer kann man neue Tauben herauslassen, ohne sie vorher zu heften; das kann aber nur bei einer einzelnen Taube und zwar bei einer solchen geschehen, die vorher mit einer bereits eingeflogenen fest gepaart ist und wenn man mit einiger Sicherheit annehmen kann, daß das neue Ehepaar gut zusammenhält. Die beiden Tauben werden nur zusammen herausgelassen, fliegt auch die Täubin, wenn sie neu ist, ein weites Stück fort, der Täuber wird sie jedesmal begleiten und wieder zurückführen. Ist der Täuber neu, so beträgt er sich stets so galant, daß er seine Täubin nie aus den Augen läßt, ihr alle Wünsche ablauscht und daher eigentlich gar keine Zeit zum Verfliegen übrig hat. (Bl. f. Geflügelzucht.) Die Eingewöhnung der jungen Tauben geht dagegen weit leichter von statten; daher ist es in mancher Beziehung besser, die Anlage eines neu einzurichtenden Schlages mit Jungen zu machen, die dem paarungsfähigen Alter nahe sind.

Siebentes Kapitel.

Allgemeine Kennzeichen der Aechtheit und Schönheit der Haustaube.

Bevor wir zur speciellen Beschreibung der verschiedenen Arten der Haustaube übergehen, dürfte es angebracht sein, die allgemeinen Kennzeichen der Raceächtheit und Schönheit näher zu beschreiben, obschon sich diese bei der großen Verschiedenheit der Arten nur wenige aufstellen lassen; denn was bei der Einen schön und ächt ist, muß bei der Andern als das Entgegengesetzte bezeichnet werden. Dies gilt in Beziehung auf Gestalt, Größe, Haltung des Körpers oder seiner einzelnen Theile, Federstruktur und Federzeichen, Stimme, Gang und Flugart. Sie sind bei den verschiedenen Arten verschieden und werden bei einer jeden derselben speciell beschrieben werden. Handelsdirector F. Fürer in Stuttgart, gest. den 2. März 1870, hat in einer kurzen, aber scharfen Beschreibung in der Korl'schen Tauben- und Hühnerzeitung die Kennzeichen der Raceächtheit der Haustauben, nach Jahre langen Beobachtungen bestimmt, und habe ich bei Schilderung der einzelnen Arten diese Bestimmungen als Norm angenommen.

„Die Farbe des Gefieders soll, wenn einfarbig, schwarz, roth, gelb und isabell, an allen Körpertheilen gleichmäßig, d. h. nirgends heller oder dunkler sein, oder in eine andere Farbe hinüberspielen. Das Schwarz soll tief, sammetartig, mit Purpurschein, das Roth und Gelb hell und feurig sein. Bei dem Blaugrau in allen Abstufungen bis zur Silberfarbe, dürfen zwar der Kopf und Hals, die obern und untern Schwanzdeckfedern, nebst Schwung- und Schwanzfedern, dem Grundtone angemessen dunkler, nie aber heller (bleich oder fahl) sein, doch gilt es, namentlich bei den hellsten Abstufungen dieser Farbe, mit Recht für eine Schönheit, wenn alle Körpertheile gleichmäßig gefärbt sind. Je taubenhalsiger die Taube, und je metallglänzender auch die Rücken- und Deckfedern der Oberflügel sind, mit einem Wort das ganze Gefieder ist, desto schöner und fester ist die Farbe. — Einigen Arten ist dieser Metallglanz vorzugsweise eigen, den dunkleren Farben mehr als den helleren, doch überhaupt nur stammfarbigen Tauben, d. h. solchen, die durch viele Generationen in Race und Farbe unvermischt und rein fortgepflanzt worden sind.

Wo Flügelbinden vorhanden, sollen sie rein von Farbe, wenn schwarz, tief sammetschwarz, schmal, scharf gegen die Grundfarbe abgegrenzt sein und ohne Unterbrechung durchlaufen. — Sind die Flügelbinden an einer oder an beiden Seiten eingefaßt, z. B. weiß mit schwarz, so darf diese Einfassung nur ganz schmal sein. Flügelbinden kommen in folgenden Farben vor: rein schwarze, rein weiße, weiße mit schwarzer Einfassung, rothe und gelbe, schwarze und rothe, schwarze und gelbe, melirte oder geschuppte und noch einige andere.

Bei den gezeichneten Tauben (Farbentauben) gelten in Bezug auf die Zeichnung besondere Regeln, die bei jeder Art angegeben sind; im Uebrigen ist alles Bemerkte auch auf sie zu beziehen.

Die Farbe des Auges. Die Iris ist entweder schwarz- oder dunkelbraun, oder rotherange bis hellweiß oder weiß (perlfarbig), dann Perl- oder Glasauge genannt. Sie richtet sich, mit alleiniger Ausnahme der weißen, nach der Grundfarbe des Gefieders, und ist bei den Tauben von weißer Grundfarbe schwarzbraun oder dunkelbraun, bei der schwarzen, blaugrauen, rothen und gelben Grundfarbe und ihren Abstufungen: vom lebhaften Orangegelb mit feurig rother Einfassung, durch Orangegelb abstufend, bis zum klaren Hellgelb bei den hellsten Abstufungen. — Fehler sind: zweierlei Augen, sogenannten Doppelaugen, wenn ein Auge gelb, das andere braun, oder ein und dasselbe Auge halb braun und halb gelb u. s. w. ist, ein Zeichen, daß die Taube nicht stammfarbig; auch wenn das der weißen Grundfarbe eigene, im Allgemeinen nicht beliebte braune Auge, das sogenannte Wickenauge, bei Tauben von anderer Grundfarbe sich findet. Umgekehrt sind feurig rothgelbe Augen bei weißer Grundfarbe des Gefieders kein Fehler, sondern eine Schönheit, wenngleich auch dies auf eine Beimischung hindeutet. — Am meisten wird mit Recht das Perlauge geschätzt, und obgleich es nur mehreren Taubenracen und keiner Grundfarbe eigen ist, gilt es im Allgemeinen bei allen Tauben- und Grundfarben, auch wo es sich in Folge einer Vermischung nur ausnahmsweise findet, für eine Schönheit, besonders auch bei der weißen Grundfarbe. — Das Auge muß die Farbe der ächten Perlen oder des weißen Perlmutters haben, je heller und klarer, desto schöner, ohne dunkle Randeinfassung, darf nicht punktirt (Sandauge), noch fleckig sein. Uebrigens sind die Tauben mit Glasaugen meistens weitsichtig, während sie in nächster Nähe minder gut sehen. — Bei den gezeichneten Tauben richtet sich die Farbe des Auges ebenfalls nach der Grundfarbe des Gefieders und bestimmt oder bestätigt dieselbe. Herrscht keine Farbe des Gefieders vor, so zeigen sich öfter die oben beschriebenen Doppelaugen, auch fleckige Augen.

Die Farbe des Schnabels korrespondirt ebenfalls mit der Grundfarbe des Gefieders. Bei der blauen und schwarzen Grundfarbe ist der Schnabel schwarz, bei den helleren Abstufungen schwärzlich, bläulich, hornfarben. Bei rother Grundfarbe bräunlich fleischfarben; bei der gelben Grundfarbe heller, und hellfleischfarben bis elfenbeinweiß (Wachsschnabel) bei den hellsten Abstufungen dieser Farbe und bei der weißen Grundfarbe. — Ein dunkler Schnabel ist bei diesen ein Fehler, obgleich als Ausnahme in gewissen Fällen, bei einer schneeweißen Taube ein glänzend schwarzer Schnabel mit ähnlichen Nägeln für schön gelten kann. — Ein fleckiger Schnabel bei einfarbigen Tauben ist immer ein Fehler. — Ein fleischfarbener (weißer) Schnabel, wenngleich nur einigen Grundfarben des Gefieders und einigen Racen unerläßlich, ist auch, wo er als Ausnahme vorkommt, besonders bei der schwarzen und rothen Grundfarbe, eine große Schönheit. — Bei gezeichneten Tauben richtet sich die Farbe des Schnabels nach der Grundfarbe des Gefieders. Der Oberschnabel ist immer, je nach der Farbe des Oberkopfs, insofern derselbe gezeichnet ist, oder eines Theils desselben, hell oder dunkel, oder mit einem hellen oder dunklen Fleck gezeichnet; der Unterschnabel entgegengesetzt, dunkel oder hell.

Die Farbe der Nägel (Klauen) ist derjenigen des Schnabels gleich und richtet sich nach der Grundfarbe des Gefieders. Schwarze Nägel bei heller Grundfarbe sind im Allgemeinen, fleckige Nägel überall ein Fehler.

Die gewöhnlichen Federzierden des Kopfes. Die Spitzhaube soll richtig in der Mitte des Nackens tief sitzen, und bohrerartig gedreht ganz spitz zulaufen. Die Querhaube, Krone, Holle, muß voll, gleichmäßig stark, die Federn nach vorn übergebogen sein, und mehr als die Hälfte eines Kreises um den Hinterkopf bilden. Ist die Haube an den Seiten des Kopfes, wo sie aufhört, nach schneckenartig gewirbelt, so wird das für besonders schön gehalten.

Die Federzierden des Beines. Die Hosen werden gebildet aus den äußern Seitenfedern des Unterschenkels bis ans mittlere Beingelenk (Lauf). Je voller diese Bekleidung ist, und je länger die Federn seitwärts nach hinten überstehen, desto schöner. Die Strümpfe, Stiefel, sind kurze Federchen vorn und auf den Seiten des Laufs bis auf die Zehen herunter, womit derselben, mit Ausschluß der Zehen, befiedert ist. Die Federfüße, Latschen, bestehen aus kleinen und größern Federn, welche den Lauf und die Zehen, die Hauptrichtung nach außen, dicht bedecken. Die hintere Seite des Laufs und die kleine Hinterzehe sind gar nicht, die innere Zehe nur schwach befiedert. Die größten, oft 12 — 15 Centimeter langen Federn, gehen vom Lauf und der äußern Zehe aus. Strümpfe und namentlich Latschen ohne Hosen geben der Taube ein hochbeiniges Aussehen."

Zweite Abtheilung.

Die Arten der Haustaube.

Erste Gruppe.

Tauben, welche sich nur durch Farbe oder Zeichnung auszeichnen.

I. Feldtauben.

1) Die blaue Feld- oder die gewöhnliche Landtaube. (Taf. I, Fig. 1.) (Columba domestica agrestis).

Die Größe des sogenannten Feldflüchters beträgt von der Schnabelspitze bis zum äußersten Schwanzende 30 — 32 Centimeter, die Klafterweite 60 — 65 Centimeter, das Bein mißt bis 12 Centimeter, die Flügel reichen bis $2^1/_2$ Centimeter vor das Ende des Schwanzes, die zweite Schwungfeder ist $17^1/_2$ Centimeter lang und $2^1/_2$ Centimeter breit, die mittlere Schwanzfeder $12^1/_2$ — 13 Centimeter. Der dünne, feine, hornfarbige Schnabel ist 2 — $2^1/_2$ Centimeter lang, die Spitze desselben etwas gekrümmt, die weiße Nasenhaut warzig, die Stirn mittelhoch, die Augensterne schön rothgelb, die Augenlidränder fleischfarben, Füße und Zehen nackt und karminroth, die Krallen hornfarbig. Der Körper ist voll, der Hals kurz, der Kopf klein und glatt, Füße stark und kurz, Flügel lang, Schwanz mittel. Die Farbe des dicht anliegenden Gefieders ist hellblaugrau, bei der Täubin aber dunkler, als beim Täuber; Kopf und Hals schieferfarbig, der Oberhals grünglänzend, die untere Hälfte purpurfarbig glänzend. Der Unterleib, von der Brust an, ist heller als der Oberleib, der Bürzel oder Steiß weiß. Die zunächst am Schwanze stehenden mittelmäßigen obern Deckfedern und der Oberrücken sind hellaschblau; auf jedem Flügel laufen zwei tiefschwarze, 3 — 4 Millimeter breite Querbänder (Binden) durch, gebildet von den schwarzen Enden der Flügeldeckfedern und den hintern Schwingen; ebenso hat der Schwanz ein $2^1/_2$ Centimeter breites schwarzes Querband, die zwei äußern Schwanzfedern an den Seiten sind mit einem weißen Saum versehen. Die Täubin ist etwas kleiner als der Täuber, die Glanzfedern am Halse sind nicht so umfangreich, der weiße Bürzelfleck am Unterrücken geringer und die Querbinden der Flügel weniger intensiv, das ganze Gefieder aber grauer. Bei den Jungen ist es vor der ersten Mauser mehr rothgrau, und wird nach derselben heller, erst in der dritten Mauser ist das ganze Gefieder vollkommen ausgebildet. Diese Tauben sind die wildesten unter allen unsern zahmen Haus- und Hoftauben. Sie leben nicht gern in Gesellschaft mit andern zahmen Tauben und haben am liebsten solche Wohnungen, in denen sie ganz ungestört brüten können und nicht von Menschen besucht werden; z. B. unter Dächern, wo man ihnen Neser oder Kästen befestigt, oder in Höhlen, die man an den Wänden anbringt. Selten besuchen sie Taubenschläge oder Taubenhäuser; auch kann man sie nicht leicht in Taubenschläge gewöhnen, zumal wenn sie schon in Höhlen gewohnt haben. Sie suchen sich sogar von den Menschen zu entfernen und nisten in alten Mauern, an Kirchen und Thürmen, die nicht von Menschen besucht werden. Die Brut beginnt Ende April und erstreckt sich auf drei, höchstens vier Male im Jahre bei einer Lebensdauer von 5 Jahren. Krankheiten sind die Feldflüchter selten unterworfen, doch muß man, wie bereits angegeben, für zeitweise Reinigung der Schläge sorgen. Aus dieser Race entstehen die sogenannten hammerschlägigen oder hämmerigen Feldtauben, dann schwarzblaue, schwarze, rothgraue und andersfarbige mehr, welche aber nicht schön lebhaft farbig sind.

Da nun diese Feldtauben mit andern schöneren Tauben gepaart worden sind, so giebt es eine Unzahl von Bastarden, die man alle, wenn sie glatte Köpfe haben, Feldtauben nennt; sind aber solche Tauben gehäubt und gelatscht, so heißen sie Haustauben. Diese Bastarde haben verschiedene Farben und Zeichnungen, regelmäßige und unregelmäßige, auch ihre Größe ist sehr verschieden. Es sind sehr fruchtbare und dauerhafte Tauben, besonders wenn sie nicht von einer zarten Race herstammen.

Die Farben der Bastarde sind gewöhnlich:

1) die licht- oder hellblaue, die eigentliche Grundfarbe der Haustaube, welche bei allen vorkommenden andern Färbungen ihr ererbtes Hausrecht geltend zu machen sucht, besonders an Roth und Schwarz die reine Färbung verdirbt;

2) die hellblaugraue, ohne alle Auszeichnung;

3) die dunkel aschblaue;

4) die schwarzblaue oder schieferfarbige;

5) die schwarze oder schwarzgraue. In reiner Tiefe ist Schwarz eine prächtige Farbe; brillanter als bei jeder andern Färbung tritt hier der Metallschimmer zu Tage, welcher, genau besehen, drei Farben zeigt: blau, grün, rothviolett; eine Zwischenfarbe ist Braun, Lederbraun, Chokoladenbraun; sie geht über in

6) roth. Diese Farbe kommt sehr verschieden vor, fuchsigroth, ziegelroth, kupferbraunroth, graurath und fahlroth. Die rothe Farbe mildert sich ab zu einer Zwischenfarbe, Rostgelb, welche als eine sehr beliebte, schöne Taubenfarbe gelten darf;

7) die gelbe (ockergelbe), eine sehr milde angenehme Farbe und Lieblingsfarbe vieler Züchter, sie ist aber schwer in größter Reinheit zu erhalten. Eine Zwischenfarbe ist die weißgelbe (hellockergelb);

8) die fahle, mit und ohne Flügelbinden;

9) die silberfarbige oder mehlfahle;

10) die weiße, und zwar in solcher Reinheit, wie sie kaum noch bei einem andern Vogel vorkommt, gehoben durch den milden Metallschimmer des Halses.

Alle diese Farben sind sowohl bei den glattköpfigen, wie bei den gehäubten Feldtauben zu finden.

2) Der Hohlflügel.

Diese Taube ist etwas schlanker und größer als die vorige, und fast ohne jegliche Auszeichnung, mit Ausnahme des Schwanzes, durch dessen Ende ein 2½ Centimeter breites graublaues Querband läuft. Der Kopf ist unbehäubt und etwas gedrungen, die Augen sind groß, mit gelblich rother ins Dunkle spielender Iris, die Füße kurz und glatt. Die Farbe ist hellblau, ins Mehlfahle übergehend, von ganz gleichmäßigem Farbenton, der Hals röthlich glänzend (taubenhalsig) die Schwingen etwas dunkler und ohne sichtbare Flügelbinden. Hohlflügel nennt man diese Varietät der Feldtaube, weil sie keine dem Auge bemerkbaren Flügelbinden hat, trotzdem aber mit schwarzen Binden versehen ist, welche nur im Fluge oder nur dann sichtbar werden, wenn man die Lage blauer Deckfedern, welche die Binden verbergen, zurückschiebt.

3) Die hohlblaue Taube. (Taf. 1, Fig. 2.)

Sie hat ihren Namen von der Aehnlichkeit mit der Farbe der wilden Hohltaube (Columba oenas) und wird deshalb in manchen Gegenden auch wildblaue Taube genannt. Sie hat die Größe der zahmen blauen Feldtaube, ist aber breiter und untersetzter, der unbehäubte Kopf ist dicker, der Hals und die belatschten Füße kürzer. Das Gefieder ist licht- oder wildblau, der Schimmer am Halse verbreitet sich kaum über den Vorderhals, die Flügel sind ohne Querbinden, die Schwingen dunkel graublau, das Schwanzende ist mit einem breiten Querbande versehen, Schnabel und Krallen hornfarbig, der Augenstern röthlichgelb und der Augenlidrand roth. Ihrer Federfüße wegen ist sie als Feldflieger wenig beliebt, dagegen ist sie ihres gutschmeckenden Fleisches wegen als Tafeltaube sehr zu empfehlen.

4) Die Flechttaube.

Diese in ihrer Einfachheit sehr schöne Taube ist bedeutend größer als die gewöhnliche Feldtaube, jedoch von schlanker Figur und edler Haltung. Der Kopf ist unbehäubt, die Augen- und Schnabelfärbung der Grundfarbe des Gefieders entsprechend, welches blaugrau in verschiedenen farbigen Schattirungen ist. Ueber die Flügel laufen schmale schwarze Querbinden, die jedoch erst nach der zweiten Mauser scharf hervortreten. Die Flechttaube wird sehr selten und nur in einigen Gegenden Westfalens gefunden.

5) Die Elbe.

Das Eigenthümlichste dieser, der blauen Feldtaube sonst ganz ähnlichen Taube, ist die Färbung des Gefieders, welches röthlich aschgrau, oder aschgrau röthlich überflogen ist. Die Anlage dieser Mischfarbe ist sehr blaß, die Flügelbinden sind gewöhnlich röthlichbraun.

6) Die Feuertaube.
(Columba fulgens.)

Sie erinnert in der Gestalt lebhaft an einen starken Tümmler, und hat die Größe der mittleren Feldtaube. Der Kopf ist unbehäubt, die Füße sind glatt, die Farbe des ganzen Gefieders schwarz mit einem äußerst brillanten kupferrothen Schiller. Dieser Metallglanz ist bei der Feuertaube intensiver, als bei irgend einer andern Taubenart und nicht nur am Halse, sondern am ganzen Körper gleichmäßig verbreitet, mit Ausnahme der Schwingen und des Schwanzes. Im Sonnenglanz reflectirt die Taube so wunderlich, daß sie förmlich strahlt und dann beinahe kupferroth aussieht. Sie ist höchst selten und gelangt in den Handel fast gar nicht.

7) Die Gimpeltaube, Illyrische Taube. (Taf. XVI, Fig. 3.)

(Col. Illyrica.)

Das Vaterland dieser in ihrer Färbung so eigenthümlichen, in Deutschland seit ungefähr 30 Jahren bekannten Taube ist bisher unbekannt geblieben, obgleich der bedeutendste Taubenkenner Englands, Tegetmeyer in seinem beachtenswerthen Werke „The pigeons" Rußland als solches bezeichnet. Andere Schriftsteller verlegen dasselbe nach Süddeutschland und Tyrol. Keine andere Taube trägt ihren Namen so entschieden durch ihre Färbung zur Schau als die Gimpeltaube und zeichnet sich dadurch so auf den ersten Blick aus. Sie hat die Größe eines gewöhnlichen Feldflüchters und dessen ganze Haltung, ist jedoch gedrungener und rundlicher in ihrer Form, sowie träger und schwerfälliger im Fluge. Der etwas eingezogene längliche, aber schön geformte Kopf ist in der Regel mit einer Spitzkuppe versehen, es kommen jedoch auch breitkuppige und glattköpfige Exemplare vor, in letzter Zeit sogar doppelkuppige, doch deuten diese auf Kreuzung. Der 2 Centimeter lange und spitz zulaufende Schnabel ist entweder hell oder dunkelhornfarbig, darf aber nicht gekrümmt sein, das ziemlich große Auge feurig, der Augenring orange, die Lidränder sind fleischfarben, die unbefiederten Füße lebhaft roth, die Krallen hornfarbig, das Gefieder voll und dicht. Der Kopf, Hals bis zum Oberrücken, die Brust und der Unterleib incl. der Schenkel sind kupferbraunroth, oder zimmetgelb oder blutroth, metallschimmernd; alle Körpertheile gleichmäßig gefärbt. Der Ober- und Unterrücken und die Flügel sind entweder schwarz, jede Feder mit einer grün, stahlblau und metallglänzenden Einfassung, oder in jüngster Zeit auch blau, zuweilen als Seltenheit mit weißen Binden, der Schwanz ist schwarzgrau und am Ende mit einem zwei Finger breiten Querbande versehen; besonders elegant ist eine Varietät unter dem Namen Spiegelgimpel. Diese haben gelbe oder braune Brust, weiße Flügel und mit der Brust gleichfarbige Binden. Es giebt auch Gimpeltauben mit weißen Abzeichen als: weiß gespitzte, bei welchen die 6 vorderen Schwingen weiß sind; solche mit weißem Oberkopf, vom Schnabelwinkel an durch die Augen gehend, und solche mit weißem Stirnflecke, bei beiden Zeichnungen mit weißen Spießen. Es fallen auch zuweilen weißflügelige, ganz weiße, gelbe und rothe Abänderungen von gewöhnlichen Gimpeln. Sind die Weißköpfe rein gezeichnet, so gehören sie mit den 3 abstechenden Farben von schwarz, weiß, gelb, zu den schönsten Taubenracen. Bei reinen Weißblässen ist der Oberschnabel weiß, der untere dunkel. Die Gimpeltaube ist zart und von schwächlicher Constitution, dabei aber ziemlich gut in der Vermehrung, doch fällt mitunter die Nachzucht fast werthlos aus. Es wäre wohl zu wünschen, wenn man der Zucht dieser schönen, ziemlich vernachlässigten Taubenrace größere Aufmerksamkeit widmete, da sie nicht häufig, in der Regel sehr mangelhaft gefunden wird. Am schönsten trifft man sie noch in Süddeutschland und Tyrol.

8) Die Eis- Mehl- oder Lasurtaube. (Taf. I, Fig. 3.)

Diese schöne Taube ist nicht sehr häufig, und findet sich zumeist in Schlesien; erst in neuerer Zeit ist sie mehrfach auf Ausstellungen und Taubenmärkten vertreten gewesen und stark gekauft worden. Sie hat ihren Namen von der hellasur- oder silbergraublauen, dem bläulichen Eise sehr ähnlichen Farbe ihres Gefieders. In Größe und Gestalt stimmt sie ziemlich mit der Hohltaube überein, fliegt und geht niedrig. Der glatte Kopf ist verhältnißmäßig groß, der Schnabel kräftig, hornfarbig und weißlich bepudert, die Iris schön orangegelb mit rother Einfassung, die Augenlidränder sind silbergrau, der Hals und die belatschten Beine kurz, die Krallen schwarz. Sie ist reich- und weichbefiedert und die eben beschriebene treffliche Färbung am ganzen Körper von gleichem Tone, die großen Schwungfedern sind etwas dunkler, der Unterrücken weißlich. Ueber die Flügel laufen zwei schöne, schmale, reinweiße, auf beiden Seiten tiefschwarz zierlich eingefaßte Querbinden, und am Ende des Schwanzes, dessen beide Eckfedern weiß gesäumt sind, ein daumenbreites schwarzes Querband. Der Hals ist sanft rosenroth und apfelgrün, metallschimmernd, die ganze Färbung der Taube überhaupt ungemein lieblich, zart und duftig.

Vielfach ist die Meinung verbreitet, das Gefieder der Eistaube färbe ab, weil, wenn man z. B. mit einem dunkelfarbigen wollenen Lappen darüber reibt, derselbe weißstaubig wird. Dieser Staub ist aber keine abgeriebene Farbe, sondern vertrocknete Fetttheilchen, welche die Taube mit dem Schnabel aus den Steißdrüsen drückt, und beim Putzen zwischen die Federn streicht, wo sie sich nach und nach in Staub verwandeln. Auf diese Weise färben mehr oder weniger alle Tauben ab.

Die Eistaube ist scheu und etwas kalten Temperaments. Sie ist auch gut in der Zucht, widersteht der Zwangspaarung aber aufs Hartnäckigste, indem der Täuber wochenlang stumm und theilnahmslos neben der Täubin sitzt, aus dem Paarkäfig befreit, sich aber augenblicklich mit ihr vereinigt.

Eine neue sehr schöne Varietät der Eistaube ist die „Porzelantaube", deren Deckfedern der Flügel, der Schultern, des Ober- und Mittelrückens mit schmalen weißen, schwarz eingefaßten Fleckchen geziert sind, ähnlich denen, welche die Flügelbänder formiren und auf gleiche Weise unregelmäßig zusammenhängende schwarzweiße Adern bilden, einem Netze oder Gitter ähnlich.

Melirte Feldtauben.

Ihr Gefieder, gewöhnlich eine dunkle Mittelfarbe mit vielem Metallglanz, zwischen schwarz und braun, bronze, purpurgrau ist in trefflicher Schattirung getüpfelt, getupft oder geschuppt, und zwar jede Feder in zwei oder drei verschiedenen Farben; gewöhnlich auf den Obertheilen, auf den Schultern und Deckfedern der Flügel.

1) Die hammerschlägige Taube.

Ihre Grundfarbe, lichtblaugrau oder aschgrau, ist mit schwarzblauen Flecken oder Tüpfeln versehen. Man nennt sie hammerschlägig, weil diese Flecken das Aussehen derer haben, die man mit einem Hammer auf kaltes Eisenblech schlagen kann. Die Querbänder oder Flügelbinden sind nicht so rein, als bei der lichtblaugrauen, dafür aber breiter und ganz auslaufend.

2) Die lerchenköpfige oder gelerchte Taube. (Taf. XIII, Fig. 9.)

Es ist dies eine schön gebaute Taube, aber größer und stärker als die gewöhnliche blaue Feldtaube, auch etwas breiter. Der Kopf ist lang und schmal, glatt oder spitzgehäubt, der Schnabel etwas länger und breiter wie bei der Feldtaube, und gelblich fleischfarbig; die Füße unbefiedert. Die Taube hat das Ansehen, als ob sie von einer Gimpel- und von einer Römischen Taube abstammte, und constant geworden wäre; so ist auch ihr Gefieder fahl oder bronzefarben, in sehr dunkler Anlage nach oben; die Gurgel und Brust hat einen deutlich sichtbaren Schimmer, so wie die Gimpeltaube, doch nicht so schön bronzefarbig; der Kopf ist graufahl, die Flügel- und Schulterfarbe ist perlgrau, auf jeder Feder mit einem feinen dreieckigen, röthlichbraunen, dunkelbraunen oder schwarzen Flecken versehen. Die Flügelbinden sind reiner und regelmäßiger als bei der vorigen. Es giebt auch gelbe Lerchentauben mit denselben Abzeichen. In Thüringen kommt sie fast in jedem Orte vor und ist sie dort ihres Nutzens wegen sehr beliebt, da sie meilenweit ins Feld fliegt um Nahrung zu suchen.

3) Die Schimmel- oder schimmelige Taube.

Die Deckfedern der Flügel und Schultern sind schwarzblau und weiß durcheinander gemischt, gleich der Farbe eines noch nicht zu alten Schimmelpferdes. Die Brust ist olivengrün glänzend, der übrige Körper purpur schieferfarben. Auf jedem Flügel sind zwei schwarze Querbinden, und ein gleiches, breites Querband am Ende des Schwanzes.

4) Die Schuppen- oder karpfenschuppigen Tauben.

a) Die Blauschuppe.

Der Körper ist rothgrau, der Mantel blau und schwarz geschuppt.

b) Die Grau- oder Nagelschuppe.

Sie ist am Oberleibe schwarzgrau, der Mantel schwarz-roth-blau melirt, der Unterleib purpurgrau, der Schwanz aschblau mit einem dunklen Querbande.

c) Die Schwarzschuppe.

Der Oberleib ist schwarz und weiß geschuppt, der Unterleib grauschwarz, nach dem Schwanze zu hellbraun. Sie ist von etwas untersetztem Körperbau.

d) Die Roth- oder Kupferschuppe.

Die Flügel sind gewöhnlich blau- oder grauroth und weiß geschuppt. Der Unterleib ist schwarz oder schwarzgrau, der Schwanz etwas dunkler als der Unterleib. Im Wuchse ist sie der vorigen gleich.

Bei allen karpfenschuppigen Tauben ist das Auge rothgelb, gelb, der Schnabel und die Krallen sind entsprechend dunkel. Alle sind sehr dauerhafte, gutfeldende und fruchtbare Tauben von hübschem Ansehen. Wirklich prachtvoll sind einige der in Frankreich gezüchteten, zu den Schuppen gehörigen Panzer-Tauben (pigeons maillés), worunter namentlich die himmelblauen (Jacyothe), die feuerfarbigen (maillé de feu), die holzfarbenen (noyer) und die fleischfarbenen (pêcher).

II. Farbentauben

Die gezeichneten oder Farbentauben sind ein Produkt der künstlichen Zusammenpaarung in verschiedenen Farben und obwohl man annehmen kann, daß die Domesticirung und künstlich geleitete Zusammenpaarung nicht ohne Einfluß auf die Farbenzeichnung der Tauben geblieben ist, so ist doch nicht zu verkennen, daß die eigenthümlichen Farben und Zeichnungen bei ihnen in Folge eines nach bestimmten Gesetzen wirkenden Naturprocesses stattgefunden.

Zu den Farbentauben zählt man in der Regel auch die Schecken, d. h. Tauben, welche eine unregelmäßige Zeichnung an ihrem Gefieder haben. Man findet die Farbentauben in allen oben bezeichneten Farben, sogar dreifarbig, gewöhnlich schwarz, weiß und roth und zwar:

Mit eintheiliger Zeichnung: Eine solche Zeichnung nimmt blos einen Theil des Körpers ein, z. B. den Kopf, den Oberrücken, Schwanz oder Scheitel, und zwar:

1) farbige mit weißem Kopf oder blos weißem Scheitel;
2) farbige mit weißem Schwanz;
3) farbige mit weißem Oberrücken. Die Zeichnung ist herzförmig, nur die Rücken- und Schulterfedern sind gezeichnet.

Weiße mit farbiger Zeichnung.

1) Weiße mit farbigem Kopf oder Scheitel;
2) weiße mit farbigem Oberrücken, wie obenbenannte herzförmige Zeichnung;
3) weiße mit farbigen Flügeln oder nur mit farbigen Spitzen d. h. Schwungfedern;
4) weiße mit farbigem Schwanze.

Mit zweitheiliger, regelmäßiger Zeichnung: Farbige mit weißem Kopf und weißen Spitzen oder weißen Flügelbinden, so wie auch weißem Schwanze. Ferner auch weiße mit farbigem Kopfe, farbigen Flügeln, oder auch mit farbigem Kopfe und Schwanze, u. dergl. m.

Mit dreitheiliger Zeichnung: Mit weißem Kopfe, weißen Flügelbinden und weißem Schwanze zu einer farbigen Abtheilung.

Mit viertheiliger, regelmäßiger Zeichnung: Farbige mit weißem Kopfe, weißen Flügelbinden, weißen Schwungfedern und weißem Schwanze. Die mit drei- oder viertheiliger Zeichnung sind nicht so häufig, als die mit ein- oder zweitheiliger Zeichnung. Alle diese regelmäßigen Zeichnungen findet man häufig bei den Bastarden, und der Nichtkenner hält und kauft sie für reine Racen. Der Bau des Körpers, die Größe und die Kennzeichen des Kopfes, der Augen und des Schnabels, der Haube oder Kappe, des Halses und der Flügel, des Schwanzes und der Füße weisen jedoch aus, ob es wirklich ächte, reine Race ist.

1) Der Staarenhals. (Taf. I, Fig. 4.)

Diese hübsche Taube hat die Größe der blauen Feldtaube, und ist hinsichtlich ihrer besonders empfehlenswerthen Eigenschaften zum Felden, unbedingt allen übrigen Feldtauben vorzuziehen. Der Staarenhals, auch Trauertaube benannt, hat fast immer zu gleicher Zeit Junge und Eier nebeneinander, und feldet bei jedem Wetter, so lange der Boden nicht mit Schnee bedeckt ist, Winter und Sommer hindurch. Er hat für Züchter feiner Racetauben insofern hohen Werth, als er fast alle Jungen fremder Paare, wenn sie ihm, Futter begehrend, nachlaufen, mit aufzüttert. Er gehört zur Race der Schweizertauben, hat einen glatten Kopf, mittelhohe Stirn, der Schnabel ist kräftig und nebst dem Auge der schwarzen Grundfarbe des Gefieders entsprechend; ersterer schwarz, dieses feurig rothgelb. Die niedrigen Beine sind häufig mit Latschen versehen. Das glattanliegende Gefieder ist tief atlasschwarz, purpurmetallglänzend, stark taubenhalsig, mit einem fingerbreiten, 4 bis 6 Centim. langen, die beiden Spitzen nach oben gerichteten, weiß gestaarten, in der Mitte nicht gespaltenen Halbmond vor der Brust. Dieser nicht scharf abgegrenzte Halbmond auf dem taubenhalsigen Grunde und die schmalen, blendend weißen Flügelbinden, welche auch zuweilen regelmäßig unterbrochen sind und dann weiße Perlen anstatt der Binden bilden, verleihen dieser Race eine große Schönheit. Ins Röthlich fallender Halbmond und dergleichen Flügelbinden sind ein Fehler. Je schmäler übrigens Halbmond und Flügelbinden, desto schöner. Vor der ersten Mauser sind diese weißen Abzeichen häufig rostroth und erscheinen erst nach dem Federwechsel rein weiß. Im Nestgefieder fehlt den Jungen jedoch diese Zeichnung der Brust und Flügel. Der gestaarte Halbmond wird nach dem dritten Lebensjahre immer weißer, größer und unförmiger, ebenso färben sich die Spitzen der großen Schwungfedern weißlich und zuletzt wird der Scheitel grau.

Der Staarenhals ist eine sehr gut fliegende und, wie schon bemerkt, äußerst fruchtbare Taube, die jedoch selten in den Handel gelangt. Sie ist die einzige Art, die in den sogenannten Hungermonaten beide Jungen mit dem nöthigen Futter zu versorgen weiß und aufzieht. Er zeichnet sich noch besonders durch fleißiges Revieren aus, besitzt alle Eigenschaften einer vorzüglichen Feldtaube und dient gewöhnlich den andern beim Felden zum Anführen. Er ist jedem Landmanne zu empfehlen, der eine schöne und nutzbare Feldtaube sucht, nur muß er solche Exemplare wählen, die glattfüßig sind. Gleich vielen andern Feldtauben hält sich der Staarenhals am liebsten zu seines Gleichen. Man findet ihn auch in blauer oder rother Färbung, doch ist diese Farbenstellung zu den weißen Auszeichnungen nicht schön.

2) Die Schweizertaube. (Taf. XII, Fig. 2.)
(Columba Helvetiae.)

Diese Taube, welche auch Mond-, Halbmondtaube oder Ordensband genannt wird, ist in Gestalt und Haltung dem Staarenhals ähnlich, jedoch nicht voll so groß. Sie hat die Größe der Feldtaube und ist eben so flüchtig und leicht im Fluge, sonst aber ziemlich weichlich und vermehrt sich schlecht, namentlich die Varietät mit gelben Abzeichen. Wenn sie gut fortzüchten soll, muß öfterer Blutwechsel vorgenommen werden, da sie, wie schon bemerkt, sehr zart ist. Der Kopf ist unbehäubt, das Auge nebst Lid, Schnabel und Krallen sind, der Grundfarbe des Gefieders entsprechend, stets hell gefärbt; das Bein ist stark belatscht, die Schwingen reichen bis 2 Centim. vom Schwanzende. Das dichte, weiche Gefieder ist atlasweiß, ins Milchgelbe, Röthliche oder Silberfarbige spielend, je heller und gleichmäßiger am ganzen Körper, desto schöner. Die Brust ist, je nach diesen Schattirungen mit einem fingerbreiten, 6 Centim. langen, mit den Spitzen nach oben gerichteten, gelben, röthlichen oder schwärzlichen, taubenhalsig schimmernden Halbmond geziert, welcher vom Unterhalse quer über die Brust läuft. Im Genick darf die Taube keine dem Monde auf der Brust ähnlichen Federn haben, ein Fehler, der öfters vorkommt und bei der Nachzucht sich stets verschlimmert. Die flüggen Jungen haben keine Mondzeichnung auf der Brust, sie wird erst nach der ersten Mauser sichtbar. Die gleiche Farbe, wie der Halbmond, haben die feinen, schmalen Flügelbinden, ein daumenbreites Querband, das jedoch heller als die Flügelbinden ist, befindet sich oft bei den dunkleren Nüancen am Schwanzende. Jemehr die Grundfarbe sich dem reinen Weiß nähert, und je dunkler und schwächer gleichzeitig die Abzeichen sind, desto höher wird die Taube geschätzt. Sie ist eine ganz eigne Art und benimmt ihre Kreuzung allen Werth. Im südlichen Deutschland und in der Schweiz findet sie sich häufig ohne Flügelbinden mit glatten Füßen und gelblichem Halbmond (Gold- oder Brustelben), obgleich ganz große Latschen dieser Race eigenthümlich zu sein scheinen; man zählt zu den Schweizertauben, außer dem Staarenhals, noch die ihr an Größe und Gestalt ähnlichen, einfarbigen Tauben ohne Halbmond, aber mit weißen Flügelbinden. Die, wenn auch sehr selten vorkommenden rothen und gelben Schweizertauben mit Halbmond und dunklen Augen, hervorgegangen aus passender Verpaarung mit dem blauen Staarenhals, sind eine sehr schöne Varietät, die von Liebhabern mit hohen Preisen bezahlt werden. Die Schweizertauben finden sich überhaupt nicht häufig und kommen nur in Sachsen, Thüringen und Schlesien vor.

3) Die weißblässige Taube. (Taf. I. Fig. 5.)
(Columba maculata.)

Diese sehr hübsche Taube ist in Größe und Gestalt der Schweizertaube ähnlich und stammt ebenfalls aus Süddeutschland. Der Kopf ist unbehäubt, der Oberschnabel weiß, der Unterschnabel dem Gefieder entsprechend dunkel, ebenso die Krallen; die Beine sind entweder glatt oder etwas befiedert. Man hat diese Taube mit zwei- oder dreitheiliger Zeichnung. Auf dem Kopfe hat sie ein weißes, ovales Bläßchen, welches ungefähr 9 Millim. lang und 3 bis 4 Millim. breit ist. Sie findet sich mit und ohne Flügelbinden, häufig auch mit weißem Schwanze. Die Hauptfarben sind entweder blau, schwarz, gelb oder roth. Sie ist schneller und flüchtiger als die gewöhnliche Feldtaube, feldet aber vorzüglich und kommt in folgenden Varietäten vor:

a) Das gemeine Bläßchen.

In allen Grundfarben mit weißem, regelmäßig gestalteten, ovalen Stirnfleck, welcher an der Schnabelwurzel beginnend, ca. 5 Millim. breit und 9 Millim. lang, in der Mitte der Stirn nach dem Oberkopf läuft. Der Schwanz ist immer weiß.

b) Das weißbindige Bläßchen.

Es ist dies eine sehr hübsche Taube von schwarzer oder blauer Grundfarbe, mit weißer Bläße, weißem Schwanze und weißen oder weißen mit schwarz eingefaßten Flügelbinden. Weißbindige Bläßchen von anderer Grundfarbe, roth oder gelb, sind ziemlich selten.

c) Das weißschuppige Bläßchen.

Diese Varietät hat außer dem Bläßchen und dem weißen Schwanze auf der schwarzen Grundfarbe weißgeschuppte Flügeldecken mit weißen Querbinden: die von blauer Grundfarbe haben schwarze Binden. Die großen Schwungfedern der schwarzgrundigen Varietät sind schwarz mit gelblichweißen Spitzen, ebenso haben auch die Flügeldeckfedern theilweise einen gelblichen Anflug.

d) Das kupferflügelige Bläßchen

ist eine der wenigen dreifarbigen Tauben und unbedingt das schönste ihrer Sippe. Es steht niedriger und ist etwas kürzer und breiter, als die drei vorhergehenden und größtentheils belatscht. Die Grundfarbe des Gefieders ist dunkel, aschblauschwarz, Hals und Brust schön olivengrün glänzend, die Deckfedern der Schultern und Flügel sind dunkelkupferroth metallglänzend, der Unterleib vor der Brust hellaschgrau. Der Stirnfleck und Schwanz sind weiß, die weißen Flügelbinden fehlen. Besonders gut nimmt sich diese Taube beim Fluge im Sonnenschein aus; sie fliegt niedrig und hängt öfter die Flügel ein wenig zur Seite, ist munter und gut in der Vermehrung, trotzdem aber nicht sehr häufig.

4) Die Pfaffentaube. (Taf. II.)
(Columba cristata.)

Diese überall mit Vorliebe gezüchtete Taube ist etwas größer, als die gemeine Feldtaube, eben so schnell und flüchtig und feldet vorzüglich. Sie zerfällt in folgende Varietäten:

a) Die eigentliche Pfaffentaube,

auch Mönch- oder Weißbläßie genannt, ist von guter Haltung und nicht viel größer, als die blaue Feldtaube. Der Kopf ist breitgehäubt und bildet eine sogenannte Kronen- oder Muschelhaube, die Stirn breit, das Auge, der Grundfarbe des Gefieders entsprechend, hell oder dunkler gelb, die Füße sind belatscht, die Krallen hornfarbig, der Oberschnabel weiß, ebenso der Scheitel. Man findet sie in Schwarz, Blau, Braunroth oder Gelb, so wie in allen Zwischenfarben, auch melirt, mit und ohne Flügelbinden. Die Schwarz-, Roth- und Gelbpfaffen sind die beliebtesten, die Färbung muß jedoch stets ganz gleichmäßig sein und darf nie nüanciren. Die Gelben sind weichlich und züchten schlecht. Der Oberkopf muß rein weiß sein, und darf sich die Scheidelinie vom Schnabelwinkel nur mitten durchs Auge ziehen, so daß dieses oben im weißen, unten im farbigen Theile des Kopfes steht und die ganz farbige Muschelhaube begrenzt. Schön ist ferner ein kleiner, runder, erbsengroßer Fleck auf jeder Seite zwischen Schnabel und Auge, womit die Grundfarbe ins Weiße hineinragt. Man nennt diese Flecke die Augenpünktchen oder Mücken. Ein entschiedener Fehler dagegen ist es, wenn das Weiße des Scheitels unter dem Auge weggeht, auch dürfen die den Scheitel begrenzenden Federn der Haube nicht weiß, sondern ihre Färbung muß durchaus gleichmäßig sein. Bei manchen Exemplaren sind die Spitze brandig, d. h. abgeblaßt, was von Kennern ebenfalls als Fehler angesehen wird. Häufig findet man diese und die nachfolgenden Unterarten mit Doppelhauben, d. h. außer der gewöhnlichen Kopfhaube noch ein Federsträußchen dicht an der Nasenwurzel.

b) Die weißlatschige Pfaffentaube.

Sie unterscheidet sich von der vorigen nur durch ihre weißen, im Kniegelenk abschneidenden Lätschchen, auch ist sie feiner, als die eigentliche Pfaffentaube.

c) Die weißbindige Pfaffentaube

ist eben so fein, wie die weißlatschige Pfaffentaube, und hat außer ihren Lätschchen noch schmale, weiße Flügelbinden, die bei blauer Grundfarbe schwarz eingefaßt sind. Besonders schöne Varietäten sind die silbergrauen, rothen und gelben Pfaffentauben in vorstehender Zeichnung, doch sind sie sehr selten. In manchen Gegenden werden sie Strichblässen genannt.

d) Die weißbindige, weißspießige Pfaffentaube,

auch Schwingblässe genannt, ist ebenso gezeichnet wie die vorige und hat daneben noch weiße Spieße, d. h. die großen Schwungfedern an jedem Flügel sind weiß.

e) Die weißbindige, weißspießige Pfaffentaube mit weißem Schwanze,

mit vorstehenden Abzeichen und weißem Schwanz. Sie kommt fast nur in Schwarz oder Blau vor. Die Rothen und Gelben sind Seltenheiten.

f) Die gestaarte, bindige, weißspießige und geschwänzte Pfaffentaube (Hohenzollerntaube).

Diese Varietät ist in ihrer vollständig reinen Zeichnung unter allen Pfaffentauben die schönste und seltsamste. Sie ist höchst selten und nur in den Hohenzollernschen Landen und am obern Neckar zu finden, jedoch nur in schwarzem Gefieder und ohne Latschen und mit 7 weißen Schwungfedern.

Anstatt der weißen Spieße hat man bei den verschiedenen oben beschriebenen Varietäten auch solche mit gespiegelten oder gesäumten Spießen. Die sämmtlichen Schwungfedern sind von der Grundfarbe des Gefieders schwarz und an der Spitze einer jeden derselben befindet sich ein dreieckiger oder rundlicher, erbsengroßer weißer Fleck, welcher jedoch erst nach der ersten Mauser sichtbar wird, auch kommen zuweilen anstatt der weißen Flügelbinden weißgeperlte Flügelschnüre vor.

g) Die gestaarte silberschuppige Pfaffentaube.

Alle vorstehend beschriebenen Zeichnungen der Pfaffentaube kommen auch auf melirtem Grunde vor, und ist die schönste darunter und überhaupt eine der schönsten Tauben die gestaarte silberschuppige oder die Silberblässe. Sie hat die Größe einer schwachen Feldtaube, ist ursprünglich spitzkoppig, ohne Blässe und heißt in dieser Zeichnung die Silberschuppe, zum Unterschiede von der vervollkommneten Varietät der muschelhäubigen und weißblässigen Pfaffentaube, mit der wir es hier zu thun haben. Diese Taube ist selten und kommt fast nur in Schwaben vor, verdient aber eine recht allgemeine Verbreitung.

Der Schnabel ist hornfarbig, das Auge, je nach der vorherrschenden schwarzen oder weißen Farbe des Gefieders, gelb mit Orangeeinfassung oder schwarzgrau. Die Fußwurzel ist schwarz befiedert, die Krallen sind schwarz. Kopf, Hals und Brust (der erstere mit Ausnahme der Blässe) sind mattschwarz, taubenhalsig gestaart, d. h. der schwarze Grund ist mit weißen, metallig hellroth und apfelgrün schillernden Federstrichen gleichsam wie glasirt, welche nach dem Unterhalse immer zahlreicher und periger werdend, vor der Brust einen fingerbreiten emaillirten, in den genannten Farben schillernden, halbmondförmigen Ringkragen formiren, dessen Spitzen sich am Hinterhals berühren.

Die Deckfedern der Flügel, die Schulter- und Oberrückenfedern sind an der Wurzel schwarzgrau, an den Spitzen, soweit sie nicht bedeckt sind, scharf abgeschnitten, weiß und ganz graugelblich gerändert, mit feinen schwarzen Schaften. Diese Theile erscheinen dadurch wie mit Spitzenschmalz überzogen, dem Gefieder des Silberfasans ähnlich.

Der Unterrücken und Bauch sind ebenfalls mattschwarz, die großen Schwing- und Ruderfedern etwas dunkler, erstere schön gespiegelt, letztere am Ende mit einem $2\frac{1}{2}$ Centim. breiten schwarzen Bande versehen.

Je feiner, zarter und spitzenartiger Flügel, Schultern und Rücken gezeichnet, je heller diese Theile und je dunkler dagegen die übrigen sind, um so schöner und werthvoller ist die Taube. Jene erscheinen durch die Einfassung der Federn zuweilen röthlich fleischfarben. Je nach der hellern oder dunklern Nüance der Flügeldecken, werden auch die weißen, schwarz eingefaßten Flügelbinden sichtbar; diese Tauben hat man auch mit weißen Schwingen und weißem Schwanze.

5) Die eigentliche Mönchtaube. (Taf. III, Fig. 2.)

Diese Taube ist ebenfalls größer als die gemeine Feldtaube und nicht so leicht und schnell in ihrem Fluge. Sie unterscheidet sich von der Pfaffentaube nur dadurch, daß bei ihr nicht blos der Scheitel, sondern auch der ganze Kopf weiß ist. Die Grenzlinie soll dicht unter dem Kinn, unter den Augen und zwischen Hinterkopf und Nacken sich hinziehen, scharf abgeschnitten gegen die farbigen Theile. Weiß gezeichnet sind ferner die neun Schwungfedern, der Schwanz (mit weißen Ober- und Unterdeckfedern) und die mit starken Hosen versehenen Beine, vom Knie abwärts die Latschen. Oefter sind jedoch die ganzen Beine, Hosen und Latschen weiß, weil die Farbe am Bauche gewöhnlich heller und hinten weißlich wird. Die vorbeschriebene Zeichnung ist eine zusammengehörige und heißt die gemönchte. Die Mönchtaube ist bedeutend schwerer, größer und breiter von Brust und Rücken als die ihr verwandte Pfaffentaube, glattköpfig und kurzbeinig. Der Schnabel ist fleischfarben, das Auge schwarzgrau bei allen Farben des Gefieders, während dies bei der Weißschwanztaube nur bei der blauen Farbe unbedingt nöthig und bei der schwarzen Farbe eine Schönheit ist. Die Grundfarbe ist entweder schwarz, blau, roth oder gelb, mit oder ohne weißen Flügelbinden. Sie ist schwer im Fluge, aber gut in der Vermehrung.

Man kann die Mönchtaube sich leicht selbst ziehen, durch Zusammenpaarung von Weißkopf und Weißschwanz, jedoch muß der Tauber stets Weißkopf sein, umgekehrt geräth die Zucht selten. Man kann sie auch von der Schild- oder Deckeltaube und vom Weißkopf erzielen, doch fällt dann die Zeichnung an allen Stellen zu weiß aus, ebenso bleibt auch der weiße Bauch nicht aus.

6) Der Weißkopf oder die Mäusertaube. (Taf. III, Fig. 1.)

Der Weißkopf ist eine der seltensten Farbentauben und kommt nur in einigen Orten Thüringens vor. Der Kopf hat eine schöne breite Muschelhaube, der Oberschnabel ist weiß, die Iris der Grundfarbe des Gefieders entsprechend gelb, Fußwurzel und Zehen sind befiedert. Das Gefieder ist metallglänzend schwarz, roth, gelb oder dunkelbronce und bildet die Hauptschönheit dieser Taube, ebenso eine breite Brust und eine niedere Stellung. Der Kopf ist schön symmetrisch abgesetzt, der Schwanz sammt den oberen und unteren Deckfedern weiß. Diese Zeichnung ist übrigens nicht sehr fest; der Kopf ist oft unegal abgesetzt, zuweilen ist nur der Oberkopf weiß und dann sind auch die Lätschchen unrein, oft nimmt das Weiß auch einen Theil der Rückenfläche ein. Bei dieser Art bleibt daher fast stets zu wünschen übrig, die blauen haben z. B. immer den Fehler fast aller blauen Tauben, röthliche Brust, hellen Bauch und Unterrücken, oder zu breite Binden. Bei den schwarzen, rothen oder gelben ist ein etwas ins Blaue spielender Bauch ein öfter vorkommender Schönheitsfehler, welcher ja beobachtet und durch passende Zuchtwahl vermieden werden sollte. In vollkommen schöner Zeichnung aber ist der Weißkopf eine sehr schöne Taube. Ganz vorzüglich und besonders geschätzt sind der schwarze und der rothe Weißkopf; letzterer zeigt an feinen Exemplaren ein so eigenthümlich brennendes Roth, selbst am Bauche, unter den Flügeln und bis in die Spitzen der Schwingen, wie man es bei anderen Racen nur höchst selten findet. Zuweilen bringt diese etwas zärtliche, sich schwach vermehrende Taube scheckige Junge, die beim Mausern ganz weiß werden, nichtsdestoweniger aber wieder richtig gefärbte und gezeichnete Junge züchten. Die Mönchstauben halten sich am liebsten zu ihres Gleichen und fliegen selten weiter als bis auf die benachbarten Dächer.

7) Die Maskentaube, farbenschnippige Taube. (Taf. IV, Fig. 4.)
(Columba maculata.)

Eine ziemlich bekannte Art, welche stets rein fortzüchtet, wenn man irgend auf hübsche, nicht zu großschnippige Tauben hält. Sie hat die Größe und Gestalt der Feldtaube, ist aber schlanker und flüchtiger. Der Kopf ist gewöhnlich unbehäubt, manchmal jedoch auch spitzhäubig, ja in letzter Zeit kommen auch muschelhäubige Exemplare vor, die jedoch dann auch belatscht sind. Ein dunkler Fleck auf dem Oberschnabel entspricht der Farbe der Schnippe, die Krallen sind hell, das Auge schwarzbraun, die Grundfarbe des Gefieders rein weiß mit einer farbigen Schnippe, welche von der Wurzel des Oberschnabels aufsteigend, über die Stirn bis in die Hälfte des Scheitels läuft, immer von regelmäßiger Form, breiter oder schmäler, eckig oder oval, oder einem 3 Millim. breiten und 9 Millim. langen, oben abgerundeten Pinselstriche gleicht. Außer der Schnippe ist auch der ganze Schwanz, ebenso sind die Ober- und Unterdeckfedern gefärbt. Die Hauptfarben der Schnippe sind blau oder schwarz, die Roth- und Gelbschnippen gelten für die schönsten. Alle sind flüchtige und fruchtbare Feldtauben.

8) Die Elstertaube, der Weißschwanz.

Diese Art wißt man als Farbentaube selten, als Tümmler häufig. Man findet sie in allen vier Hauptgrundfarben, doch muß die Zeichnung und Farbe sehr gleichmäßig abgesetzt sein. Der Körper ist farbig, die Flügel sind weiß, jedoch so schmal als möglich, damit auf dem Rücken der Sattel rund bleibt. Der Kopf ist weiß, ähnlich der Mönchstaube, doch ist hierauf ein farbiges Plättchen unerläßlich. Bauch nebst Füße und Lätschchen rein weiß bis zum Schwanz, dort jedoch scharf abgegrenzt, ebenso muß die gefärbte Brust scharf an den Beinen rund auslaufen. Es ist zu bedauern, daß diese wirklich schöne Farbentaube so sehr vernachlässigt worden, daß sie als solche auf dem Aussterbeetat steht; ihre schöne Zeichnung und Gestalt ziert jeden Taubenschlag.

9) Die Storch- oder Schwingentaube (Taf. IV, Fig. 5.)

auch Spieß- oder Schwerttaube genannt, ist der Maskentaube an Größe und Gestalt gleich und hat die weiße Grundfarbe und farbige Schnippe mit ihr gemein. Sie ist entweder unbehäubt, spitz- oder breithäubig; der etwas starke Schnabel hat auf seinem Obertheil den auf die Schnippe deutenden farbigen Fleck, und wenn diese sehr breit ist, so ist auch der ganze Oberschnabel entsprechend gefärbt, der Unterschnabel aber immer hell. Die Augen sind braun, die Krallen gefärbt, die Ständer behoset und belatscht. Außer der Schnippe sind gefärbt: die Latschen vom Kniegelenk an, die 10 großen und die darauffolgenden 3 — 6 kleinern Schwungfedern nebst dergleichen Anzahl der darüber liegenden beiden Reihen Deckfedern. Liegen die Flügel am Körper an, so werden diese farbigen Deckfedern, so weit sie nicht von den weißen Flügelschildern bedeckt sind, unterhalb des Flügelbugs sichtbar und bilden einen 3 — 6 Millim. breiten und 5 bis $7\frac{1}{2}$ Centim. langen Streifen, gleichsam eine Einfassung, die sogenannten Keulen oder Knebel. Eine schöne Storchtaube darf nicht mehr wie 13 bis 14 farbige Federn in den Schwingen haben, sonst wird am Vordergelenk der Stoß zu breit. Sie zählt zu den schönsten Farbentauben und sind die beliebtesten die Schwarz-, Roth- und Gelbschwingen, die Silberfarbe verschwindet zu sehr, obgleich sie sehr zart erscheint; die Taube ist jedoch nicht allzu häufig und findet sich hauptsächlich in Thüringen und Sachsen. Im Felden ist sie sehr gut, eben so in der Vermehrung.

10) Die Schwalbentaube. (Taf. V, Fig. 1.)
(Columba mercurialis.)

a) Die Schlesische Flügel- oder Schwalbentaube.

Sie hat die Größe der gewöhnlichen Feldtaube, ist aber schlanker, dabei flacher und glatter gebaut und steht niedriger. Sie mißt in ganzer Länge 30 — $32\frac{1}{2}$ Centim., klaftert 65 Centim. und wiegt $333\frac{1}{3}$ Grm. Der Kopf ist länglich und fein, die Stirn mittelhoch; ziemlich tief hinten im Nacken sitzt eine zierlich runde Muschelhaube, der Hals ist kurz und dünn, die Brust breit und flach, der Schnabel dünn und geschmeidig und 10 Millim. lang, der Augenstern dunkelbraun, die Augenlidränder und Hauttheile um die Augen, gleich den Schnabelwinkeln, lebhaft roth gefärbt, namentlich bei den dunkel befiederten. Die Schwingen reichen bis nahe ans Schwanzende, die kurzen gefärbten und belatschten Beine erscheinen durch die starken Höschen etwas gekrümmt, die Fußwurzel (der Lauf) nebst den Zehen ist befiedert, beide zart. Das Gefieder ist voll, etwas lose, seidenartig weiß, seine Zeichnung dieser Taube eigenthümlich. Auf der Stirn befindet sich eine erbsengroße gefärbte Schnippe; von derselben Farbe sind die obern und untern Flügelfedern, mit Ausnahme der Schulterfedern. Bei dem Lätschchen geht die Farbe zuweilen etwas höher hinauf, wird aber von den Höschen im Gelenk bedeckt und erscheint daselbst wie abgeschnitten. Alle übrigen Körpertheile sind weiß; Oberschnabel und Krallen, je nach der Zeichenfarbe, dunkel, der Unterschnabel jedoch stets weiß. Seltener und gesuchter sind diejenigen Schwalben mit ganz weißem Schnabel. Der hintere Unterleib muß ebenfalls rein weiß, die Schnippe regelmäßig rund, von der Größe einer Erbse, das weiße Herz auf dem Rücken groß und gut bedeckt, die Flügeldecken nur schmal und die Querbinden weiß sein; die Unterflügel sind stets ganz gefärbt. Häufig finden sich auch Exemplare mit rein weißem Kopf. Die Haube darf nur aus weißen Federn bestehen, obgleich die sogenannten gesutterten Hauben auch nicht schlecht aussehen. Bei diesen sind die vordern Federreihen von der Farbe des Scheitels. Die Federn der Haube müssen sich schön über den Hinterkopf legen; je größer die Haube, Hosen und Latschen, je kleiner die ganze Taube ist, desto besser, namentlich wenn dazu die dunklen Farben des Gefieders recht intensiv sind. Man findet diese Varietät der Schwalbentaube auch glattköpfig, in neuerer Zeit aber auch doppelkuppig. Sie fliegt sehr rasch, ausdauernd, leicht und schwebend, ist munter und ziemlich fruchtbar, hat eine helle Stimme und hält sich am liebsten zu ihres Gleichen. Alt gewöhnen sich die Schwalbentauben, gleich allen flüchtigen Tauben, oft sehr schwer an einen neuen Schlag. Der beste Bezugsort der vorbeschriebenen Varietät ist die Oberlausitz, die Quelle der gehäubten Schwalben mit weißen Binden und feinen Schnippen.

b) Die Nürnberger Flügel- oder Hanstaube

ist eine seit alter Zeit bekannte Taube und kam zuerst aus der Gegend von Nürnberg; sie hat die Größe der vorigen, ist aber flacher gebaut, ebenso sind die Latschchen nicht voll so groß. Das Gefieder ist lose anliegend, dabei aber voll, weich und fettig anzufühlen. Die Farben sind feurig und satt, das Schwarz tiefer und sammtiger als bei allen andern Taubenarten, das Weiß dagegen sieht aus wie mit Oel bestrichen, schmutziggelblich, und darum heißt diese Taube in Nürnberg „Schmalzfee". Diese Beschaffenheit des Gefieders hängt mit der größten Eigenthümlichkeit der Taube zusammen. Es sind dies die sogenannten Schmalzkiele, auch Schmalzfedern und gelbe Stifte genannt: Centimeter lange Scheiden oder Kiele, oben geschlossen und hohl, mit einer gelben, trockenen Masse, gleich Oel oder Wachs, gefüllt, zuweilen nebenbei auch einen kleinen Ansatz zu einer Feder enthaltend, welche an der Spitze der Scheide nur oben heraussieht, ohne aber fortzuwachsen. Diese Kiele stehen und liegen in großer Anzahl an- und übereinander, gleich den Stacheln eines Igels. Unter einer Schicht ausgebildeter Deck- und Flaumfedern verborgen, stecken sie spitz und trocken in der Haut und bedecken die ganze Weichengegend, die Oberschenkel, die Seiten nach der Brust und nach dem After, die Gegend um und unter demselben. Einzelne der größern Deckfedern der Unterflügel haben ebenfalls gelbe Füllung und die Deckfedern des Mittel- und Unterrückens, des Schwanzes, der Schenkel u. s. w. haben lange Scheiden, d. h. die Fahnen sind nicht völlig aus denselben herausgewachsen und unten wie verfilzt. An den untern Flügelknochen stecken die Kiele in einer fetten, gelblichen Masse, womit jene besetzt sind, was man schon bei den Nestjungen deutlich sieht, wo jene Theile dicker und fleischiger erscheinen, als bei andern Taubenarten. Die Körpertheile, welche sich später mit gelben Stiften bedecken, bleiben bei den Jungen etwas länger kahl, dann erscheinen dünne, trockene, weiße Stoppeln (Kiele), welche sich nicht oder nur einzeln öffnen, ohne daß die Fahne aus der Scheide herauswächst und nach einiger Zeit gelblich farben. Nach der ersten Mauser werden sie durch die etwas stärkern gelben Stifte ersetzt. Nur bei denjenigen Schwalbentauben, wo sich die oben beschriebene Federabnormität zeigt, hat das ganze Gefieder jenes fettige Aussehen und Anfühlen und dessen Färbung, insbesondere die schwarze Varietät, welche auch die beliebteste ist, den tiefen Sammet, daher auch Sammetsee genannt. Bei diesen und nach ihnen bei den rothen finden sich jene Schmalzkiele am häufigsten; weniger bei den gelben, blauen &c.

Der Hauptunterschied zwischen der Schlesischen und der Nürnberger Schwalbentaube besteht noch darin, daß bei letzterer der ganze Oberkopf durch Schnabel und Auge scharf abschneidend, bis hinten an der Muschelhaube gefärbt ist (man nennt dies vollplattig), auch hat sie keine sichtbaren Flügelbinden.

Von beiden Arten, der Schlesischen und der Nürnberger Schwalbentaube giebt es folgende Varietäten:

I. Glatte Schwalbentauben.

(Schlesische mit Flügelbinden.)

a) Blauflügel, hell- oder lichtblau-grau mit melirten Flügelbinden und dunkelschwarz-blauen Schwungfedern. Man hat die Blauflügel auch mit schwarzen, feinen, kaum sichtbaren Binden, und heißen sie dann „Hohlflügel".
b) Schwarzflügel, mit grünem Glanz, dunklen Schwingen und rein weißen schmalen Flügelbinden.
c) Rothflügel, hell- oder ziegelroth mit dunklen Schwingen und rein weißen Binden.
d) Gelbflügel, hellochergelb mit rein weißen Flügelbinden.
e) Silberflügel, silbergrau mit weißen, graukandirten Binden. Die Schwingen sind in der Regel dunkelgrau.

Die glattköpfigen Schwalbentauben verschwinden mehr und mehr und doch ist ein schöner Hohlblau- und Silberflügel eine prächtige Taube.

II. Schuppflügel.

Auf dem Enden der farbigen Flügeldeckfedern befinden sich kleine weiße, den Fischschuppen ähnlich geartete Punkte, die gleichmäßig vertheilt und sehr klein, in großer Anzahl vorhanden sind. Man hat

a) Blauschuppflügel mit schwarzkandirten Schuppen, eben solchen Binden und dunklen Schwingen.
b) Schwarzschuppflügel. Die Binden sind rein weiß, die Schuppen etwas größer und unregelmäßiger wie bei den Blauschuppflügeln.
c) Rothschuppflügel mit blaßrothen Schwingen und sehr großen regelmäßigen weißen Schuppen von röthlichem Schein.
d) Gelbschuppflügel, den vorigen ganz ähnlich gezeichnet.
e) Silberschuppflügel mit weißen graukandirten Schuppen und dunkelgrauen Schwingen.
f) Lerchenflügel mit dunkelgrauen Schuppen, Binden und Schwingen.

11) Die farbenköpfige Taube. (Taf. IV, Fig. 3.)

Diese Taube ist etwas größer als die gewöhnliche Feldtaube, aber eben so leicht und schnell in ihrem Fluge, und vorzüglich in der Zucht und im Felden. Der Kopf ist breit gehäubt, die Iris soll schwarz sein, ist jedoch gewöhnlich gelb, das Bein unbefiedert, zuweilen belatscht, Schnabel und Krallen, je nach der Zeichenfarbe, dunkler oder heller. Die Hauptfarbe des Gefieders ist weiß; gefärbt ist der ganze Kopf, incl. der Muschelhaube, hinter welcher unmittelbar die Scheidelinie fingerbreit unter den Augen nach dem Vorderhalse und zwei Finger breit unter dem Schnabel hinläuft (daher auch die Benennung bärtige Taube); ferner der ganze Schwanz. Die Zeichnung kommt in allen Grundfarben vor und je nach derselben heißt die Taube: Schwarz- oder Mohrenkopf, Blaukopf, Gelbkopf rc. Letztere sind die seltensten. Der Mohrenkopf, die bekannteste Varietät, ist eine schöne, flüchtige und wenn einmal eingewöhnt, feste Taube, die mehr als irgend eine Art an ihres Gleichen hängt und deshalb einzeln gehalten nicht gern bleibt. Ist der Mohrenkopf unbehäubt, so muß der Kopf bis tief hinunter an die Brust schön schwarz gefärbt sein und im Nacken ein schmaler weißer Streifen, welcher am Hinterkopf endigt, nicht fehlen. Ferner ist es unbedingt erforderlich, daß der Schwanz rein schwarz ist, weil, wenn die Federn einen weißlichen Anstrich haben, die Nachzucht ausartet und helle, sogenannte Fechtelschwänze bekommt, ein Fehler, der bei großschlägigen Mohrenköpfen häufig vorkommt.

12) Die Laytaube, Holländische Muscheltaube (Taf. IV, Fig. 1.)
(Columba galeata)

auch Helmtaube genannt, hat dieselbe Größe wie die vorhergehende Art, im Fluge ist sie aber etwas leichter und schneller, auch feldet sie gut und vermehrt sich leidlich. Der Hals und die Brust sind kräftig entwickelt, das Bein bestrumpft, zuweilen behost und belatscht. Der Kopf ist mit einer sonderbaren Krone oder großen Muschelhaube geziert, wie man sie bei keiner andern Art so ausgezeichnet findet. Die vorwärts laufenden Federn am Hinterkopf, welche die Krone oder Muschelhaube bilden, laufen bis zur Hälfte des Halses herab. Diese Federn stehen nicht so dicht neben einander, wie bei andern schön gehäubten Arten, sondern liegen lose an. Der Schnabel ist dunkel, die Iris schwarzbraun; die Grundfarbe weiß, mit Ausnahme des ganzen Kopfes, ohne die Haube, des Vorder- und Seitenhalses bis auf die Hälfte der Brust, wodurch diese farbige Zeichnung eine Art Latz bildet, welcher gegen die weißen Theile scharf abgeschnitten ist. Die Laytauben in schwarzer Abzeichnung sind unter dem Namen „Wiener Laytauben“ noch häufig zu finden, die blauen, rothen und gelben dagegen scheinen ausgestorben zu sein.

13) Die Brusttaube, farbenbrüstige Taube, der Brüster. (Taf. IV, Fig. 2.)

Sie hat dieselbe Größe wie die gewöhnliche Feldtaube, ist aber schlanker gebaut, leicht und schnell im Fluge und feldet und vermehrt sich sehr gut. Sie ist zuweilen gehäubt, hat einen weißen Schnabel, gelbe Iris, glatte, häufig auch stark befiederte Füße. Die Grundfarbe ist weiß, der ganze Kopf, Hals und Brust sind farbig, rundum gegen den weißen Rumpf scharf begrenzt, schwarz, blau, braunroth oder gelb, letztere als Seltenheit, auch mit gelblichen Flügelbinden; ebenso giebt es auch Brusttauben, bei denen Kopf, Hals und Brust weiß, die übrigen Theile gefärbt sind, also grade die oben beschriebene Zeichnung umgekehrt. Die Jungen haben statt der weißen, farbig kandirte Federn, die jedoch nach der ersten Mauser weiß werden, außer bei den ächten Schwarzbrüstern, bei denen immer etwas davon sichtbar bleibt und weshalb man sie auch Rußtauben nennt. Soll die Brusttaube auf Schönheit Anspruch machen, dann muß der ganze Vorderkörper gefärbt sein, scharf am Rücken und Leibe, etwa 2½ Centim. von den Beinen abgegrenzt, im Nacken keine weißen Federn. Hauptsächlich ist darauf zu achten, daß der Kopf nicht ins Graue fällt. Sie muß in ihrer Art rein erhalten werden, da durch Kreuzung mit einer Laytaube nie etwas Reines gezüchtet wird. Sie kommt selten mit Haube vor, dieselbe muß dann aber eine volle Muschelhaube sein, Spitzhaube macht sie werthlos.

14) Die Schild- oder Deckeltaube. (Taf. V, Fig. 2.)
(Columba clypeata).

Man findet unter den Schildtauben zwei verschiedene Arten und zwar die glattfüßigen und die mit befiederten Füßen. Die mit glatten Füßen halte ich für die Stammrace; sie haben die Größe der gewöhnlichen Feldtauben; es sind schlanke flüchtige Tauben und ausgezeichnete Feldflieger. Die behoste und belatschte Art ist etwas größer und nicht so schlank und flüchtig, auch feldet sie ihrer Federfüße wegen schlecht. Der Kopf ist glatt, zuweilen jedoch gehäubt oder doppelkuppig, das Auge schwarzbraun, Schnabel und Krallen fleischfarbig, der Hals kurz, Brust und Oberrücken breit. Die Grundfarbe beider Arten ist weiß, mit Ausnahme des Mantels, d. h. der Schulter- und Flügeldeckfedern sammt den Schwungfedern zweiter Ordnung, welche gefärbt sind, so daß sich eine ovale schild- oder deckelförmige Zeichnung auf jedem Flügel bildet, wovon die Taube ihren Namen hat.

Diese Schilde oder Deckel finden sich in allen Grund- und vielen Zwischenfarben mit und ohne Flügelbinden, auch melirt aller Art. Die größere, befiederte, selten ohne Tadel vorkommende Art, muß große, weiße Latschen, rein weiße Hosen und weiße Flügelbinden haben, ein farbiger Schnabel ist ein Zeichen von Kreuzung. Die farbigen Schilde dürfen nur schmal zusammenstoßen und schön rund sein, ohne weißen Stoß am Vordergelenk. Wahrscheinlich stammt diese Varietät von einer glattfüßigen Schild- und von einer Mönchstaube, da ihr ganzer Körperbau der letztern gleicht. Sie wurde der kleinen Schildtaube vielfach vorgezogen, seitdem aber die Schildzeichnung in größter Vollkommenheit auch bei einem Bastarde der Trommeltaube erzielt worden ist, welcher außer den starken Federfüßen auch noch die Federzierden des Kopfes besitzt, sind beide Arten der Schildtaube bedeutend in den Hintergrund getreten. Man findet sie in allen Farben mit und ohne Flügelbinden, schöne Gelbschilde mit weißen Flügelbinden sind die seltensten und gesuchtesten.

Zu den Schildtauben sind auch noch diejenigen Tauben zu zählen, welche einen melirten Mantel auf farbigem Grunde haben. Dieser ist gewöhnlich eine dunklere Mittelfarbe mit vielem Metallganz, zwischen Schwarz und Braun, Bronce, Purpurgrau &c. Die Schilde sind zum Theil von trefflicher Schattirung, indem jede Feder mit zwei oder drei verschiedenen Farben regelmäßig abwechselnd gestrichelt, gefleckt, marmorirt oder gerändert ist.

III. Hof- oder Racetauben.

Ueber die Entstehung der Racetauben sind die Ansichten sehr getheilt, so viel ist jedoch gewiß, daß sie aus unsern gewöhnlichen Haustauben nicht gezüchtet werden können, denn sie sind sowohl von diesen als auch unter sich selbst zu auffallend verschieden. Entweder sind es erschaffene Urthiere, oder wenn man sich eine Abstammung denkt: Urracen, welche sich im Laufe von Jahrtausenden aus der gewöhnlichen Feldtaube (als angenommene Grundform) abzweigten; gleichviel, ob dies nun durch klimatische Einflüsse, oder in domesticirtem Verhältnissen, oder durch beides zugleich stattgefunden. Man wird von der Wahrheit nicht allzu entfernt sein, wenn man annimmt, daß die erste Anlage zur Racebildung durch klimatische Einflüsse nach denselben schaffenden Gesetzen stattgefunden, welche die Arten hervorbrachte, daß diese aber durch Domesticirung, künstlich geleitete Zusammenpaarung und fortgesetzte Inzucht im Laufe der Jahrtausende zum höchsten Ausdruck eines Racetypus gesteigert worden sind.

Bei der großen Verbreitung der Feldtaube in der alten Welt, von den Küsten des südlichen Norwegens bis zu den Nord-Afrikanischen Staaten, Aegypten, Kleinasien, Syrien, Arabien, Persien, den Ländern ums Schwarze und Kaspische Meer kann man z. B. recht wohl die Vermuthung aufstellen, daß die federfüßigen, behäubten und Flugtauben eher in ihrem nördlichen Verbreitungsbezirk, die warzenköpfigen, kropf- und federgezierten Tauben mehr in ihrem südlicher gelegenen Verbreitungsbezirke die erste Anlage zur Racebildung entwickelt und durch fortgesetzte reine Zucht sich schon vor Jahrtausenden zu den uns bekannten Racetypen ausgebildet haben. — Ausgeprägte Originalracen findet man nicht im freien Naturzustande; diese konnten nur unter der Pflege und Obhut des Menschen ihr Dasein erhalten, und bis in unsere Zeit herein ihre Besitzer durch schöne oder seltsame Formen, gefällige Manieren und symmetrische Farbenvertheilung erfreuen.

Daß aber die Annahme der Abstammung von einem Urthiere ihre Berechtigung hat, beweist die Leichtigkeit, womit sich sämmtliche Racen, die gewöhnliche Feldtaube mit eingeschlossen, paaren lassen und fruchtbare Junge erzeugen, eine auffallend große Aehnlichkeit ihres Wesens und die Neigung, bei Ausartungen der Race immer wieder auf die wildblaue Farbe und Form der Feldtaube (Col. livia) zurückzugehen. Jedem aufmerksamen Züchter ist die verrätherische bläuliche Färbung, die sich bei Schwarz, Roth und Gelb an gewissen Stellen (Bürzel, Aftergegend, innern Fahnen der Schwingen und des Schwanzes &c.) so häufig andeutet, nur zu gut bekannt.

Die auf unser Zeitalter überkommenen Urracen sind etwa folgende: Die Perücken-, die Pfau-, die Hühner-, die Kropf-, die Bagdetten-, die Indianer-, die Orientalischen-, die Moven-, die Tümmler- und die Trommeltauben. Die anderen sind durch Kreuzungen hervorgebrachte Uebergangsracen, die sich mehr oder weniger den Originaltypen nähern. — Da mit Sicherheit anzunehmen ist, daß die meisten Racetauben aus dem Orient nach Europa übergesiedelt wurden, so muß hierzu bemerkt werden, daß jetzt der Orient nur noch wenig in dieser Beziehung bietet, denn die Morgenländischen Taubenracen sind in Europa reiner fortgepflanzt werden, als sie sich jetzt in ihrer ursprünglichen Heimath vorfinden. Fast jedes Land in Europa hat einige ihm eigenthümliche Lieblingsracen, deren Aechtheit nach festen Regeln genau bestimmt wird, und die man mit größter Sorgfalt züchtet. So England, Frankreich, Holland, Belgien, Spanien, Italien, Rußland, vor Allem aber Deutschland, welches man noch vor fünf Jahrzehnten den klassischen Boden für die Zucht feiner Racen nennen konnte.

Die Racetauben zeichnen sich theils durch die Eigenthümlichkeit der Stimme, des Fluges, theils durch die Structur des Gefieders, Form oder Haltung des Körpers aus. Manche sind nur einfarbig, manche nur in einer Grundfarbe ächt, andere besitzen daneben eine nur ihnen eigenthümliche Zeichnung.

Erste Gruppe.

Tauben, welche sich durch die Eigenthümlichkeit der Stimme auszeichnen.

Trommeltauben. (Taf. X.)
(Columba tympanizans. s. dasypus.)

Sie zeichnen sich vor allen übrigen Taubenracen, wie oben bemerkt, durch ihre Stimme aus, welche mit einer entfernten Trommel die größte Aehnlichkeit hat. Ohne Weiteres oder auch aus dem gewöhnlichen Rucksen, welches aber bei einer guten Trommeltaube überhaupt nur selten gehört werden darf, läßt sie, von Zorn oder Liebe angeregt, augenblicklich in jenes rasselnde, wirbelnde, tiefe und hohle Trommeln, wobei sie — meistens stille sitzend — den Schnabel bewegt, den Kropf ein wenig aufbläst — je weniger, desto besser — den Vordertheil ihres Körpers hin und her dreht und mit den Schwingen zittert. Zum richtigen Trommeln gehört ein guter Ansatz, ein deutlicher, markirter Vortrag, abwechselndes Steigen und Fallen des Tones, der Triller und das Anhalten. Je häufiger und besonders je anhaltender sie, ohne lange abzusetzen und in gutem Stile trommelt, desto werthvoller ist die Taube. Es giebt Täuber, welche mit ganz kurzen Unterbrechungen 10 Minuten lang und länger forttrommeln und sich den ganzen Tag hören lassen, besonders im Frühling oder wenn man ihnen reichlich Hanfsamen giebt. Selbst während des Fressens trommeln sie fort und wenn man eine Anzahl guter Trommler besitzt, verursachen sie ein betäubendes Getöse. Die Täubin trommelt auch, jedoch seltener und mit weniger Kraft und Ausdauer. Keine Taube erfordert ihrer Federfüße wegen mehr Reinlichkeit, als die Trommeltaube; abgesehen von der Häßlichkeit unreiner Latschen, wird auch ihre Zucht dadurch beeinträchtigt, denn wenn sie sich mit den nassen, schmutzigen Federfüßen auf ihre Eier setzt, kleben sie an jedem Fuß und sie zieht sie entweder beim Verlassen des Nestes mit heraus, oder sie beschmutzt sie nach und nach so, daß die Jungen darin umkommen. Die Trommeltaube ist abgehärtet und fruchtbar wie kaum eine andere Art, sie zieht im Sommer und Winter bis zu 9 Paar Junge. Man unterscheidet folgende Varietäten der Trommeltauben:

a) Die Russische Trommeltaube.

Sie stammt aus Rußland, woselbst man sie am schönsten in der Gegend von Moskau findet. Sie ist breit, untersetzt und niedrig gestellt, die ganze Länge beträgt 35 — $37\frac{1}{2}$ Centim. Der Kopf ist groß und mit einer schönen runden, federreichen, weit über den Scheitel hereinhängenden Muschelhaube geziert; die Stirn ist mittelhoch, breit und mit einem Federbusch (Stirnkuppe) in Gestalt einer Nelke bedeckt, der sich über die ganze Stirn, einen großen Theil des Scheitels, über die Nasenhaut und bis an die Augen legt. Dieser Federbusch darf nicht kammartig steif in die Höhe stehen, und erst oben sich überbiegen, sondern muß sich schon von der Wurzel an nach außen umbiegen, die genannten Theile flach bedeckend. Das Auge ist perlfarbig oder feurig rothgelb mit lebhaft rothen Augenlidrändern, ohne weitere kahle Umgebung; der Schnabel etwas stümmig, Hals sehr stark; Brust und Rücken sind breit, die Schwingen reichen bis beinahe ans Schwanzende. Die Schenkel sind mit $7\frac{1}{2}$ Centim. langen Hosen bekleidet, und der Lauf nebst Zehen mit dichten, langen Latschen versehen, länger wie bei jeder anderen Taubenrace, sie erreichen häufig die Länge von 15 Centim., und sind es im Ganzen an jedem Beine 18 bis 24. Das etwas lose Gefieder ist dicht und voll. Der Flug ist schwerfällig, sie klatscht beim Aufsteigen, entfernt sich aber nie weit. Am häufigsten findet man sie einfarbig, tief schwarz oder dunkelroth mit stahlblauem, resp. bronzefarbenem, prachtvoll glänzendem Halse. Schöne Exemplare und gute Trommler findet man auch unter den sogenannten Schwarztigern. Einfarbige, gute gelbe sind die seltensten. Die Vermehrung dieser Trommeltauben ist eine sehr gute und lohnende.

Eine in Deutschland bis jetzt ziemlich unbekannte Varietät ist

b) die Bucharische Trommeltaube.

Diese seltene und schöne Taube kommt in ihrem Aeußeren, sowie in ihrer Bauart unserer Deutschen doppelkuppigen, schwarz und weiß getigerten Trommeltaube am nächsten; doch ist sie merklich größer, auch sind ihre Federn an allen Körpertheilen länger und vollkommener, als bei der unsrigen, das ganze Gefieder ist überhaupt loser, lockerer, und dieser Umstand läßt die Taube noch größer erscheinen, als sie in Wirklichkeit ist. Die sehr niedrigen Beine sind mit handbreiten Latschen versehen; das Eigenthümlichste aber ist der Kopfputz. Tief unten im Nacken sitzt eine breite Muschelhaube, welche von so langen Federn gebildet wird, daß sie die Höhe des Kopfes erreicht. Auf dem Kopfe trägt die Taube eine große Tolle, deren Wirbel sich mitten auf der Kopfplatte befindet und von welchem aus sich die Federn nach allen Seiten hin ausbreiten, so daß sie nach hinten die Muschelhaube erreichen, nach vorn den mäßig langen Schnabel und an beiden Seiten die Augen weit überragen; deshalb ist es nothwendig den alten Tauben diesen Federschmuck während der Brutzeit zu verschneiden, damit ihnen die Ernährung der Jungen erleichtert wird.

Die schönen Verlangen bekunden die edle Racetaube, welche jedem Kenner Bewunderung abnöthigt. Die Färbung ist gewöhnlich schwarz und weiß getigert, wobei bald die weiße, bald die schwarze Farbe vorherrscht. Rein weiße und ganz schwarze Exemplare kommen vor, doch sind dies seltene Ausnahmen.

c) Die Altenburger oder glattköpfige Trommeltaube (Taf. XIII, Fig. 6.)

ist eine Spielart der Russischen und seit langer Zeit als selbstständige Race adoptirt. Ihre Heimath ist das Altenburger Land, wo sie vor Alters aus der Vermischung der Russischen Trommeltaube mit der Columba livia entstanden ist. Man findet sie glattköpfig mit Querhaube und Stirnkuppe, (doppelschnippig) und als Strauß- oder Trompetertauben, die keine Querhaube, dagegen ein Schnabelsträußchen haben. Die Altenburger Trommeltaube unterscheidet sich von der Russischen wesentlich. Ihr Kopf ist glatt und kleiner, der Hals schwächer, außer der Muschelhaube und Nelke fehlen die starken Hosen und Latschen, sie ist kleiner, von unansehnlichem Aeußern und schlechter Haltung. Die ganze Länge beträgt $32\frac{1}{2}$ Centim., die Stirn ist hoch, der Schnabel 8 Millim. lang und stumpf, das Auge weiß perlfarbig, der Hals kurz, Brust und Beine mit und ohne Höschen und Strümpfe, die Zehen meist unbefiedert. Die Schwingen reichen bis nahe an das Ende des Schwanzes. Das Gefieder ist voll und etwas lose, einfarbig, meist trüb- oder schmutzig-blaugrau oder fahlblau in verschiedenen Abstufungen mit braunschwarzen oder schmutzig weißen Flügelbinden, bleichen Schwung- und Schwanzfedern. Außer den angegebenen Farben giebt es auch noch erbsgelbe mit braungelben Streifen. Die Trommelfertigkeit ist das allein Entscheidende bei der Altenburger Taube, deren Stimme sich von der der Russischen Trommeltaube durch längeres Anhalten, Klarheit, Höhe, Beweglichkeit und Abwechselung sehr vortheilhaft unterscheidet. Die Taubin zeichnet sich vorzugsweise durch ihr melodisches Trommeln aus. Was Abhärtung und gute Vermehrung betrifft, so steht die Altenburger der Russischen Trommeltaube darin mindestens gleich; doch fliegt sie nicht gern, wird auch nicht so leicht zahm.

Zweite Gruppe.

Tauben, welche sich durch die Eigenthümlichkeit des Fluges auszeichnen.

1) Die Tümmler oder Flugtauben. (Taf. VII.) (Columba domest. gyratrix.)

A) Der gewöhnliche Deutsche Tümmler.

über ganz Europa und weiterhin in unzähligen Spielarten verbreitet, ist etwas kleiner als die gewöhnliche Feldtaube, jedoch schlanker gebaut und viel leichter und schneller im Fluge. Der kleine kurze Kopf ist eckiger, die Stirn sehr steil und hoch, der Scheitel flach, der Schnabel kurz, spitz und gleich den Nägeln meistens hellfarbig, die Augen groß mit oft gesenkter Pupille, — d. h. sie liegt nicht im Mittelpunkt der Iris, sondern zieht sich bis unten an den äußern Rand —, der kurze Hals ist schwach, unter dem Kopfe dünn, edel gebogen, die Brust breit und voll, die Füße glatt oder befiedert, der Kopf glatt oder gehäubt. Die Iris ist gewöhnlich hell (Glas- oder Perlauge), Augen und Augenlidränder mit dünnem Fleisch oder Haut umgeben; die Flügel beinahe das Schwanzende erreichend, zuweilen etwas hängend; der Schwanz ist nur wenig ausgefüllt, das Gefieder ist voll und liegt glatt an, Farbe und Zeichnung verschieden, zum Theil eigenthümlich. Weitsichtigkeit ist ein Fehler, an dem die ganze Race leidet, der Tümmler sieht meilenweit in die Ferne, stößt dagegen oft an die nächsten Gegenstände. Der Tümmler ist ausgezeichnet im Brüten und bedarf durchaus nicht so viel besonderer Pflege, wie die meisten übrigen edlen Racetauben. Gutes Futter, reichlich Wasser zum Trinken und Baden, Material zum Nestbau, tägliche Flugübung und er gedeiht vortrefflich. Der Name Tümmler wurde ursprünglich den Tauben beigelegt, welche eine erbliche Anlage entwickelten, während ihres Fluges sich zu drehen, oder rückwärts zu überburzeln, die Flügel über dem Rücken zusammenschlagend, so daß man beim jedesmaligen Schlage einen lauten Klatsch hört. Er ist die personificirte Lebenslust, denn er fliegt außerordentlich schnell und hoch und zwar gern in Gesellschaft, steigt in weiten Kreisen empor, stürzt sich dann plötzlich aus der größten Höhe blitzschnell herab, indem er sich während des Falles 3 bis 4 Mal rückwärts überschlägt oder überburzelt, um sich dann mit hochgehaltenen Flügeln und ausgebreitetem Schwanze herabfallen zu lassen. Viele Liebhaber von Flug- oder Jagetauben haben nicht gerne diese Burzler oder Umschläger zwischen ihrem Stich Tauben, da manche Exemplare sich zu oft auf einmal überschlagen und dadurch momentan die Kraft zum Weiterfliegen verlieren, wodurch der übrige Schwarm

häufig veranlaßt wird, bald aus seiner Höhe herabzukommen. Nach der Flugart theilt man die Tümmler in Burzler (Ueberschläger) und Flieger (Hochflieger).

Der Hochflieger, insofern er ein ächter Tümmler ist, unterscheidet sich dadurch, daß sein Fliegen durch Dressur geregelt ist und sich nur auf anhaltendes und hohes Fliegen beschränkt, wobei aber weder das Flügelklatschen noch ein gelegentliches einmaliges Ueberschlagen ausgeschlossen ist. Um seine natürlichen Anlagen zum langen anhaltenden Fliegen auszubilden, gelten folgende Regeln: Das Einüben der Jungen muß durch die besten alten Flieger geschehen; man lasse sie täglich nur ein Mal abfliegen, doch dürfen sie unmittelbar vorher nicht gefüttert, sondern müssen überhaupt mäßig gehalten werden; auch lasse man sie mit Tauben von geringer Flugfähigkeit nie fliegen. — Werden sie als Jagetauben benutzt, so tritt der Trieb zum Burzeln immer mehr zurück.

Die Varietäten des Tümmlers sind sehr zahlreich, in ihrem Gefieder herrscht mehr Abweichung, als bei allen übrigen Racetauben. Die schönsten und besten Originaltümmler sind folgende:

Figur 1.

a) Der einfarbige Tümmler, welchen man für die Stammrace hält.
   1) Der einfarbig schwarze Tümmler. Das Gefieder ist sehr schön blau-schwarz glänzend, der Schnabel hellfleischfarbig, die Iris weißgelb, die Augenringe sind hellfleischfarbig.
   2) Der einfarbig blaue Tümmler ist hellblaugrau, auf den Flügeln hat er schwarze Querbinden und auf dem Schwanze ein gleiches breites Querband.
   3) Der einfarbig rothe Tümmler hat eine schöne braunrothe Farbe und gleich dem nachfolgenden gelben Tümmler häufig einen sogenannten Schwanzmehls.
   4) Der einfarbig gelbe Tümmler ist schön orangebraungelb, der Schnabel ist hellfleischfarben, die Iris weißgelb, glasfarbig.

Figur 2.

b) Der farbig weißspießige Tümmler. Die Grundfarbe ist wie bei den vorhergenannten, unter dem Schnabel hat diese Varietät meist ein weißes erbsengroßes Kehlchen (Bart), die 6 bis 8 Schwungfedern sind weiß; am After dürfen, wenn der Schwanz gefärbt ist, sich keine weißen Federn befinden. Ist der Schwanz jedoch weiß, so heißt die Taube Weißschwanz, sind der Kopf und Schwanz weiß, Weißkopf-Tümmler.

Figur 3.

c) Die weißflügelige Taube oder der Elstertümmler. Man findet sie in allen obenbenannten Farben; die Flügel sind weißgezeichnet, alles andere ist gefärbt. Manchmal schneidet auch die

Grundfarbe horizontal unter der Brust ab, und der Unterleib ist weiß. Auch trifft man weißköpfige und solche mit weißem Brustfleck (Herz); überall aber muß die Zeichnung regelmäßig sein, um Werth zu haben. Die Elstertauben sind etwas größer als die vorigen; in manchen Gegenden, namentlich in Norddeutschland werden sie Kopenhagener genannt, und werden vorzüglich schön in Hamburg gezüchtet.

Figur 4.

d) Der farbenplättige Tümmler oder die Calottentaube. Die Grundfarbe ist weiß, der Scheitel oder Oberkopf farbig, etwas in den Nacken verlaufend, der Schwanz hat die Kopffarbe: schwarz, blau, roth oder gelb. Der Kopf ist gewöhnlich unbehaubt, mit kurzem hellfarbigen Schnabel und eben solchen Nägeln, das Auge ist weiß mit schmalem Augenring; die Füße unbefiedert, der Schwanz ein wenig aufgestülpt. Die Calotte müßte eigentlich nur mit Haube gezüchtet werden, weil diese wesentlich zur Schönheit beiträgt, da dadurch die sonst in den Nacken verlaufende Platte schön rund abgeschlossen wird. Der beste Bezugsort für Calotten ist Hamburg, woselbst sie seit langer Zeit in größter Vollkommenheit gezüchtet werden.

Ferner giebt es melirte Tümmler, Schecken, Bunte oder Getigerte in allen Farben. Eine beliebte und vielfach begehrte, jedoch seltene Tümmlerrace sind die sogenannten Altstämmer, d. h. die alte, reine Race, in ihrer ursprünglichen Vollkommenheit, die namentlich in Berlin und Umgegend sehr schön gefunden wird und dort hoch im Preise steht, besonders wenn die Thiere ächtäugig, zitterhalsig und mit ganz kleinem Schnabel versehen sind. (Taf. XVII, Fig. 10.)

Als ausgezeichnete Flugtauben sind besonders hervorzuheben: Die Berliner, die Prager Schimmel, die Magdeburger, die Danziger Hochflieger, die Wiener Steiger, die weißen Stralsunder, die Halberstädter, die Wiener Gamseln, die Holländischen Flüchter (darunter die sogenannten Schornsteinfeger), die Hannoverschen (Solo-Flieger) und die Braunschweiger weißspitzigen Barttümmler, welche letztere auch kastrirt häufig als Flugtauben vorkommen und sich als solche gut bewährt haben. — Kapaunt darf ein junger Täuber jedoch erst mit Beginn seiner Mannbarkeit werden, sonst erreichen die Testikel die erforderliche Härte und Größe nicht und werden auch nicht vollständig herausgebracht.

B) Das Mönchen. (Taf. XVII, Fig. 5.)
(Columba vestalis.)

Diese Taube wurde früher stets zu den Farbentauben gezählt, jedoch ohne jegliche Berechtigung. Es unterliegt gar keinem Zweifel, daß das Mönchen zu den Tümmlern gehört, da der ganze Habitus, das ächte Auge und alle übrigen, dem Tümmler inne wohnende Eigenschaften zu dieser Annahme berechtigen. Ein tadelloses Mönchen ist zierlich von Körper, hat eine schöne Muschelhaube, feinen Schnabel, hellröthlich wachsfarbig, helles, glasfarbiges Auge mit schmalem Lid, und glatte Füße und Zehen. Die Grundfarbe des Gefieders ist weiß, mit Ausnahme des ganzen Kopfes und Nackens, sowie eines weit heruntergehenden Bartes oder Latzes, überall scharf und regelmäßig gegen die weiße Farbe abgeschnitten. Diese Zeichnung bildet gewissermaßen einen herabgelassenen Nonnenschleier, daher auch die Benennung der Taube. Gefärbt sind ferner die sieben vorderen großen Schwungfedern (die Schläge) und der Schwanz mit seinen Deckfedern, ebenfalls scharf gegen das Weiß abgeschnitten. Die Zeichenfarbe muß satt und feurig sein, namentlich darf das Schwarz nicht ins Rothe spielen; ebenso darf unter den farbigen Federn keine weiße und unter den weißen keine farbige vorkommen.

Die Nachzucht fällt selten rein aus, weshalb die Züchtung der Mönchen eine der undankbarsten ist. Kopf und Hals sind bei den Jungen nicht fest in der Zeichnung, oft erscheinen vom farbigen Schwanze ab farbige Rückenfedern, und außer den großen Schwungfedern, welche gefärbt sein müssen, sind es häufig auch die kleinen sammt ihren Deckfedern, wodurch die sogenannten Aenkel oder Knebel am Handwurzelgelenk des Flügels sichtbar werden, wie bei den Storch- oder Schwingentauben, bei welchen es aber kein Fehler, sondern eine Schönheit ist. Man findet die Mönchen in schwarzer, rother, blauer und gelber Abzeichnung; doch sind die blauen, insbesondere aber die gelben Mönchen mit gespaltener Brust und zitterhälsig, die gesuchtesten. Der bedeutendste Deutsche Züchter von Mönchen ist Herr H. L. A. Schulbe in Hamburg, welche Stadt von jeher der beste Bezugsort dieser Taubenart ist.

C) Der Englische Tümmler.

1) Der Almondtümmler. (Taf. XVII, Fig. 9.)

Er repräsentirt den Urtypus aller Tümmlerracen und ist in ursprünglichster Reinheit und am veredeltsten nur in England zu finden. Er ist von kleinem, untersetztem Körperbau, breiter, voller Brust und ganz kurzbeinig. Seine Größe beträgt von der Schnabelspitze bis zum Schwanzende 23 bis 25 Centimeter, das Bein mißt 6 bis 7½ Centimeter und die Klafterweite beträgt 47½ bis 52½ Centimeter; der Hals ist kurz, nach unten zu sich erweiternd, so daß er kaum zum Körper zu gehören scheint. Die zuweilen gespaltene Brust ist breit und vorstehend, der Unterrücken ist etwas gehoben und die Flügel reichen bis auf den Boden, welcher Umstand wesentlich zur Schönheit der Taube beiträgt, da hierdurch die Zeichnung der Flügel besonders hervortritt. Der Schwanz berührt mit der Spitze fast die Erde während die Flügel breit zur Seite des Körpers hängen, und gewährt so der Almond den Anblick, als bestände er aus lauter bogenförmigen Theilen, welche so genau untereinander verbunden sind, daß man nicht zu erkennen vermag, wo der eine Theil anfängt, oder der andere aufhört. Der kleine, kurz auf dem im Affect zuweilen zitternden Halse sitzende Kopf ist kugelrund und sehr breit, da die fast senkrechte Stirn sehr weit im Bogen vorsteht, was jedoch hauptsächlich Folge der Federstellung an diesem Körpertheile ist. Die Stirnfedern sind etwas aufgekräuselt und kraus, ebenso die Federn am Kinn und an den Schnabelwinkeln, an den Seiten der untern Kinnlade und unter den Augen, welche alle etwas nach oben gebogen und aufgerichtet sind. Daher hat auch der Kopf von vorn ein zottiges Aussehen. Der ganze Umfang des Kopfes beträgt 9 Centimeter. Der feine, grade und weißliche, fast verschwindend kurze Schnabel darf nicht über 1 Centimeter messen, muß in horizontaler Linie tief vom Kopfe ausgehen und soll vorne keinen Haken, und nur eine sehr dünne Schnabelhaut haben. Ein großer Fehler ist der zuweilen vorkommende Kreuzschnabel. Durch zu große Inzucht verdünnen und verlängern sich die Schnabelspitzen oft so sehr, daß sie sich auf- und abwärts biegen und dann öfter beschnitten werden müssen. Das große, runde vorstehende Auge sitzt fast in der Mitte des Kopfes, wodurch dieser höher und breiter erscheint, auch darf dasselbe nach dem Ende zu nicht geschlossen sein. Die Pupille ist schwarz, die Iris perlfarbig, ohne Einfassung oder Flecken, die Augenringe befiedert. Die Grundfarbe des vollen, weichen, lose sitzenden Gefieders, ist rostgelb und gleicht der Außenseite einer Mandelschale und tief schwarz und weiß getupft, namentlich ist jede der großen Schwung- und Schwanzfedern abwechselnd von diesen drei Farben geflammt. Das ganze Gefieder ist außerdem mit einem Metallglanze versehen, der namentlich im Nacken, am Halse und an der Brust vortrefflich leuchtet. Diese vollkommene Ausbildung bekommt der Almond jedoch erst im zweiten und dritten Jahre. Unter allen Umständen verpönt sind die bläulichen und dieser Farbe verwandten Töne des Gefieders. Dem Täuber vorzugsweise ist die eben beschriebene schöne Färbung und Schattirung eigen. Das Gefieder der Täubin ist in der Regel einförmiger (weniger gebrochen) und hellgrundiger; sie ist dagegen in den Körperformen feiner, namentlich der Schnabel überaus zierlich. Die Jungen werden, wenn die Alten zu gleichmäßig und übereinstimmend gezeichnet sind, schwächlich und nicht fein. Ein Haupterforderniß bei der Zucht ist die richtig geeignete Paarung. Die hierzu jedoch erforderliche Kenntniß kann allerdings nur durch Erfahrung erlangt werden. Es ist unmöglich, vorher die Farben zu bestimmen, welche aus einer Brut hervorgehen werden, selbst wenn der Ursprung auf einige Generationen zurückgeführt werden kann. Zur richtigen Vertheilung der Farbentöne in der Nachzucht sei bemerkt, daß es nicht genügt, gleich rein gezeichnete Thiere auf einander zu paaren; die Erfahrung hat es gelehrt, daß durch eine solche Zusammenstellung der Zuchtpaare die Nachzucht meistens einfarbig ausfällt, oder daß die Zeichnung ganz verwischt erscheint. Die schärfsten Gegensätze bei der Zusammenstellung der Zuchtpaare, die bunteste Mischung liefern die besten Jungen. Die Vermehrung des Almond ist eine spärliche, obgleich er viele Bruten im Jahre macht, allein er besitzt seine Jungen nach dem 10. oder 12. Tage nicht mehr, und so bringt er sie, außer in den heißen Sommermonaten, selten auf; daher auch die hohen Preise für ein gutes Paar solcher Tauben, die bei uns in Deutschland bis jetzt nur vereinzelt schön vorkommen. Sein Alter bringt der Almond auf 8 bis 10 Jahre; die Schönheit des Gefieders nimmt aber zuletzt sehr ab. Es giebt von dem Almond Tümmler folgende Varietäten:

2) Der einfarbige Englische Tümmler

unterscheidet sich von dem Almond nur durch Farbe und Zeichnung, hat im Uebrigen aber alle charakteristischen Merkzeichen desselben. Die gewöhnlichste Farbe ist die schwarze, häufig mit gelblichem Schein auf den Schwung- und Schwanzfedern, seltener sind die blauen, am raresten die makellosen weißen Tauben dieser Varietät. Letztere haben in der Regel nicht das schöne helle Perlauge, sondern sind oft Kakerlaken mit rother Pupille oder haben sonst fehlerhafte, oft blinde Augen; auch sind die glänzenden Halsfedern hier und da mit andersfarbigen, meistens gelblichen Glanzfedern untermischt.

3) Der gescheckte Tümmler (Mottles)

Die vollendetste Zeichnung dieser Varietät ist, wenn auf ganz dunkler Grundfarbe des Körpers, namentlich der ganzen Brust und des Unterleibes, die weißen Federn nur auf den Schultern der Taube in leichter egaler Zeichnung auftreten. Keine weiße Feder darf sich unter den Glanzfedern des Halses vorfinden. Verpönt ist, wenn die Federn unter dem Bauche einen grau weißlichen Anflug haben, oder wenn die Stelle über dem Schwanze (Sattel) mit weißen Federn untermischt ist.

4) Der Barttümmler (Beard)

hat unterhalb der Kehle einen weißen Bart, der nach den Seiten, dem Halse zu, spitz ausläuft. Der Barttümmler hat stets einen weißen Schwanz und zu jeder Seite zehn weiße Schwingen. Bei den gelben und rothen Beards laufen die gelben und rothen Schwingen zweiter Ordnung in der Regel weißlich aus, grade wie wir es bei vielen Schildmövchen finden. Am besten hilft hiervon eine Verpaarung auf schwarze derselben Varietät ab.

Außer den Beards giebt es noch eine Art Englischer Tümmler, welche dieselben Abzeichen wie diese haben und sich nur durch den weißen Kopf unterscheiden. Es sind dies

5) Der weißköpfige Tümmler (Baldhead).

Am häufigsten findet man ihn in Deutschland in schwarzer Farbe mit weißen Extremitäten, als Kopf, Spießen und Schwanz. Wenn dunkelgrundig und fein gezüchtet, ist diese Varietät von hohem Werthe.

6) Der geierfarbige Tümmler (der Geier).

Er ist ein dunkler, fast schwarzer Vogel, dessen ganzes Gefieder jedoch einen rothbraunen Anflug hat, namentlich zeigen die Vorderfahnen der größeren Schwingen und die Schwanzfedern und deren Deckfedern, zuweilen auch die Brust, diese Farbentöne sehr stark. Da der Geier von dem Almondtümmler fällt, so ist er zur Zucht des letzteren unerläßlich.

Man verpaart ihn, um schön gezeichnete Almondtummler zu erlangen, gewöhnlich mit einem hellen Weibchen und erlangt dadurch den so beliebten oben beschriebenen mandelfarbigen Almond. Manche Geier haben einen metallartigen Glanz auf ihrem ganzen Gefieder und übertreffen an Kopf- und Schnabelbildung oft den besten Almond.

2) Der Ringschläger, die Klatschtaube.
(Columba percussor.)

Obgleich diese Taube häufig zu den gewöhnlichen Landtauben gezählt wird, so glaube ich, daß sie in Folge der von mir vorgenommenen Klassifikation grade in die Gruppe der Tauben gehört, welche sich durch die Eigenthümlichkeit des Fluges auszeichnen, und aus diesem Grunde mag der Ringschläger hier seinen Platz finden. Der ausgezeichnete Taubenkenner Führer beschreibt diese in Norddeutschland ganz unbekannte Taube folgendermaßen:

„Der Ringschläger ist eine nur noch am Niederrhein und hier und da in Westfalen vorkommende Taube von stattlicher Größe, kräftiger Gestalt und guter Haltung. Ihre ganze Länge beträgt 35 Centimeter, die 2. Schwingfeder $17\frac{1}{2}$ Centimeter, der Schwanz $12\frac{1}{2}$ Centimeter, das Bein $12\frac{1}{2}$ Centimeter, sie klaftert $\frac{3}{4}$ Meter und wiegt $433\frac{1}{3}$ — 500 Gramm. Der Kopf ist mit einer Spitzhaube geziert, die Stirn mittelhoch, der Schnabel 2 Centimeter lang und hellfarbig, die Farbe des Augensterns derjenigen des Gefieders entsprechend, das Lid lebhaft fleischfarben, der Hals kräftig, Brust und Rücken verhältnißmäßig breit, Lauf und Fuß glatt, die Schwingen reichen zusammengelegt bis $1\frac{1}{4}$ Centimeter vom Schwanzende. Die großen vordern Schwingfedern, welche nach den 4 ersten kommen, fallen in der Länge stark gegen jene ab: die fünfte $2\frac{1}{2}$ Centimeter gegen die vierte und 5 Centimeter gegen die zweite, welche die längste ist.

„Das Gefieder ist fest anliegend und in allen Farben, wie folgt gezeichnet: der ganze Kopf ist weiß, die Haube weiß gefüttert, das Weiß des Kopfes läuft im Bogen 2 Strohhalme breit unterhalb der Augen unter das Kinn, überall scharf abgeschnitten, oder mit andern Worten: die Scheitellinie beider Farben läuft oberhalb der Haube oder unterhalb der Augen bis unter den Schnabel. Weiß sind ferner der Schwanz und Unterrücken gegen den Mittelrücken abgeschnitten, Unterleib und Schenkel, ersterer von den letzteren gegen den Vorderleib abgeschnitten und die sechs vordern, großen Schwingfedern, so daß also der Nacken, der ganze Hals, die Brust, der Oberrücken, der Vorderleib bis an die Schenkel und da rund um die ganze Taube gegen Unterleib und Unterrücken abgeschnitten sind; ferner die ganzen Flügel mit Ausnahme der sechs großen Schlagfedern. Zuweilen geht auch die Farbe am Unterrücken bis gegen den Schwanz hin, doch muß zwischen beiden immer eine gegen den Rücken in grader Linie abgeschnittene weiße Stelle offen bleiben.

„Am seltensten findet man diese Zeichnung in Schwarz, wo meistens auch der Schwanz und das Kreuz, also der ganze Rücken gefärbt ist. Der Schläger mit reiner schwarzer Zeichnung nimmt den ersten Rang ein, dann folgen der gelbe, blaue und zuletzt der rothe, welcher noch am häufigsten vorkommt. Doch findet man hin und wieder auch einfarbige, besonders lichtblaue, mit und ohne Flügelbinden und mit weißem Schwanz.

„Das Auszeichnende bei diesen Tauben ist ihre Flugart; zwar fliegen sie nie weiter als von Dach zu Dach, allein auch keinen Schritt weit, ohne die Flügel zusammenzuschlagen, daß es weithin schallt; vorzüglich geschieht dies von Seiten des Täubers, wenn er seiner Täubin den Hof macht. Ein guter Schläger muß dann über seiner Täubin 5 — 6 Mal ringschlagen, d. h., im Kreise rechts und links über ihr herumfliegen, und bei jeder kurzen Wendung die Flügel laut klatschend zusammenschlagen (Brandschläge thun). Dieses Kreisfliegens wegen (selbst im engsten Raume), nennt man diese Taube auch Dreh- oder Wendetaube (pigeon tournant). Die Täubin schlägt ebenfalls, doch weniger stark, im Frühling beide am meisten. Im Herbst sind sie so abgeschlagen, daß sie nicht mehr auffliegen können, und darum leicht verunglücken. Man pflegt ihnen dann wohl die ganz zerfetzten Schwingfedern auszuziehen, was nicht schadet, wenn es nur einmal jährlich geschieht. Solche, die viel klatschen und doch ihre Schwingen gut erhalten, sind die werthvollsten.

„Der Ringschläger ist eine gesunde, sehr lebhafte und zänkische Taube, welche durch ihre Unruhe viel Störung im Schlage anrichtet, weshalb sie auch zu andern Tauben nicht paßt. Er ist auch sehr fruchtbar und darum zu verwundern, daß er nicht weiter verbreitet ist; die Jungen fangen an zu schlagen, wenn sie flügge sind.

„Bei der Zwangspaarung ist der Ringschläger, gleich allen lebhaften Tauben, oft sehr eigensinnig.

„Alter und Geschlecht erkennt man wie gewöhnlich, am Täuber auch an der beschriebenen Flugart. Nächst gutem Ringschlagen verlangt man bei dieser Taube eine ansehnliche Körpergröße, schöne lebhafte Farben und reine Zeichnung. Der Preis rein gezeichneter schwarzer oder gelber Schläger ist mehrere Mark das Paar, die rothen, meist gering in der Farbe, sind billiger." —

Dritte Gruppe.

Tauben, welche sich durch die Struktur der Federn auszeichnen.

1) Die Pfautaube. (Taf. IX, Fig. 2.)
(Columba laticauda.)

Die Pfautaube ist eine sehr alte Taubenart und stammt nach den uns überkommenen Nachrichten von der Hindostan'schen Halbinsel. Sie ist nicht ganz so groß wie die gewöhnliche Feldtaube, von kurzem runden Körper und sehr schwerfällig in ihrem Fluge. Der schön geformte kleine Kopf, der sich nach dem feinen Schnabel zu verdünnt, ist spitzgehaubt, doch hat man auch breitgehäubte Exemplare, sowie ganz glatte; die Stirn ist mittelhoch, der Hals und Rücken kurz, die volle breite und gespaltene Brust steht weit vor; die Füße und Zehen sind unbefiedert. Der schöne, lange, nach oben dünne Schwanenhals sich rückwärts gebogen und befindet sich fortwährend in zitternder Bewegung; die Flügel hängen, ohne geschleppt zu werden, an den Seiten herab, und dürfen sich nicht unter dem Schwanze kreuzen, sondern müssen stets unterhalb desselben getragen werden. Die Schwanzfedern stehen aufrecht, dem Kopfe zugekehrt, so daß Schwanz und Kopf über dem Rücken zusammenstoßen. Die Zahl der Schwanzfedern soll 25 — 30 sein, von denen die mittlere doppelt ist. Ein schön gebogener, federreicher, frisirter Schwanz, der ein großes gewölbtes Rad bildet, ist eine Hauptschönheit dieser Taube. Die Fahnen der Schwanzfedern müssen unter allen Umständen so breit sein, daß selbst bei Exemplaren, die höchstens 20 Federn aufweisen, dieses Rad entsteht, ein zusammengedrückter, sogenannter Hühnerschwanz ist ein großer Fehler. Die Schwanzfederfasern sind gleich dem übrigen Gefieder weich, ohne großen Zusammenhang, trennen sich von der Spitze an und hängen, entgegen der gewöhnlichen Federkonstruktion, einzeln in Büscheln herab, ohne alle Steifheit, weil diese Fasern in sehr gefälliger Form theils gekämmt, theils gelockt, rechts und links auf die untern Theile der Fahnen herabhängen und sich mit ihnen und untereinander leicht verschlingen und verflechten. Diese eigenthümliche Fasertheilung, welche trotz aller Unregelmäßigkeit doch regelmäßig spitz gezackt erscheint, heißt Frisur; es müssen sämmtliche Schwanzfedern in dieser Weise frisirt sein, und wenn auch die Eckfedern etwas weniger als die übrigen, so darf auch ihnen diese Frisur nie fehlen. Bei manchen stark frisirten Tauben findet sich auch ein Ansatz zur Frisur an den Schwungfedern erster Ordnung. Bei jeder andern Taube, von gleicher Körpergröße wie die Pfautaube ist eine mittlere Schwanzfeder 3½ Centimeter breit und nur 10½ Centimeter lang. Bei guten Pfautauben jedoch ist eine solche Feder 7 — 8 Centimeter breit und 12 Centimeter lang. Ferner befindet sich bei allen andern Tauben die größte Fahnenbreite der einzelnen Federn kurz vor dem Ende derselben, bei der Pfautaubenfeder dagegen ziemlich in der Mitte. Diese Konstruktion, besonders die große Fahnenbreite, ist die Ursache, daß die Fahne nicht geschlossen bleibt, daß sie sich zackt, auseinander steht und struppig wird, und ebenso ist die Fahnenbreite die Ursache, daß die Taube den Schwanz gut tragen kann, weil die einzelnen Federn sich decken, also gegenseitig stützen. Uebrigens entsteht der schön frisirte Schwanz erst nach der ersten Mauser. Der erste Schwanz ist nie stark frisirt, weil sowohl bei der Pfautaube, wie bei allen anderen Arten, die Jugendfedern schmäler und länger sind; ebenso kommen die neuen Schwanzfedern bei alten Tauben unfrisirt bei der Mauser zum Vorschein. Sie nehmen aber sofort die Struktur an, sobald sie einen gewissen Grad von Länge und Breite erreicht haben, und bevor sie noch vollkommen ausgewachsen sind.

Die Schwanzfedern stehen staffelförmig im Bürzel, und umgeben ihn in 2 — 3 Reihen auf drei Seiten, so daß nur die untere offen bleibt und bilden auf diese Weise eine Wölbung, auch wenn sie nicht aufgerichtet sind. Dies letztere wird dadurch bewirkt, daß die Taube den Bürzel aufstülpt. Aus eben ersichtlichem Grunde vermag sie den Schwanz nicht zusammenzulegen oder beim Fliegen flach auszubreiten, weil eben die Schwanzfedern in einem Dreiviertelkreis um den Bürzel herumliegen. Die obern Schwanzfedern, an der oben übergebogenen Spitze des Bürzels befindlich, sind etwas mehr nach vorn gerichtet, als die übrigen. Das Rad bildet, von hinten gesehen, etwa Dreiviertel eines Kreises. Die schönste Entwicklung dieser Taubenrace findet in der weißen Farbe statt, dann in der schwarzen und in der mittelblauen; am schwächsten in der rothen und gelben Farbe, meistens mit schwachem Schwanz und wenig frisirt. Ob eine Taube vollschwänzig wird, sieht man bereits an den nackten Jungen; je weniger Wachsthum sie um den Steiß haben, desto mehr Schwanzfedern bekommen sie; ebenso sieht man schon an der Haltung der kleinen Flügel, ob es Schleppflügel werden. Die Pfautaube kommt, wie schon oben bemerkt, in allen Grundfarben vor, doch hat man auch dunkel gefärbte mit weißem Schwanz, und umgekehrt, ebenso weiße mit farbigen Flügelschildern. Alle diese Arten sind jedoch nicht achtreiig, haben auch gewöhnlich nicht die volle Anzahl Schwanzfedern. Eine besonders schöne Varietät ist die weiße Seiden-Pfautaube, deren Gefieder wie zerschlissene Seide erscheint. Sie ist wahrscheinlich durch fortgesetzte Auswahl und verständnißvolle Züchtung der am besten frisirten weißen Pfautauben entstanden. Da bei ihnen die Frisur über den ganzen Körper ausgebreitet ist, so passen sie eigentlich nur für eine Volière, da sie in Folge ihrer abnormen Federstruktur fast gar nicht fliegen können. Sie sind sehr schwächlich und zärtlich, da die Jungen vollständig nackt ausfallen, auf große Nachzucht in unserem rauhen Klima wohl nicht zu rechnen sein.

Man vergleicht häufig den Schwanz der Pfautaube mit dem des Pfauhahns, es besteht jedoch, wie sich Jeder leicht überzeugen kann, ein großer Unterschied zwischen beiden. Bei dem Pfauhahne sind es die Schwanzdeckfedern, oder unteren Rückenfedern, welche aufrecht stehen; die eigentlichen Schwanzfedern, wenig an Zahl, sind kurz und stark, und dienen nicht als Stützen um den aufgerichteten Schweif zu tragen. Bei der Pfautaube hingegen sind es die Kiele des Schwanzes, welche aufgerichtet stehen, und woraus der merkwürdige Umstand entspringt, daß der Taube die Oeldrüsen (nicht Fettdrüse) fehlen. Die Vermehrung der Pfautauben ist eine sehr gute, sie brüten fleißig und bringen fast alle Jungen auf. Als Paradetauben sind sie, namentlich auf großen Höfen oder Parkanlagen sehr zu empfehlen.

2) Die Zopf- oder Perückentaube. (Taf. IX, Fig. 1.)
(Columba cucullata)

überragt an Größe die gewöhnliche Feldtaube, ist gestreckter und länger, aber nicht so leicht und schnell im Fluge. Sie hat einen kleinen hochgewölbten Kopf, hohe Stirn, flachen und breiten Scheitel, kurzen dicken Schnabel, ähnlich dem des kleinen Mövchens, große helle Glas- oder Perlaugen, fleischige Hautringe und niedrige unbefiederte Füße (Federfüße verunstalten diese Taube, beleidigen das Auge und sind ein Zeichen einmaliger Kreuzung mit belatschten Tauben). Der Hals ist lang, Rücken und Brust schmal, Flügel lang, schleppend und bis zum Schwanzende reichend. Ihr karakteristisches Merkmal ist die sehr hohe Muschelhaube, deren vorwärts stehende Federn bis zur Hälfte der Brust reichen. Die Federkrause zieht sich an den Halsseiten bis über dem Flügelbug herab, ragt nach oben über einen Theil des Scheitels, wie eine Kapuze, und bildet nach der hintern Seite des Halses eine Mähne; längs der Halsseiten ist diese Federkrause nach vorn und hinten, oben und unten gescheitelt. Je dichter und geschlossener die Halskrause ist, je weiter sie den Scheitel bedeckt, desto schöner ist sie. Die Federn dieser Perücke müssen dicht am Halse liegen, lang und geschlossen sein, so daß, wenn man den Nacken etwas nach dem Schnabel zu drückt, die Federkranzen übereinander gehen. Gewisse Taubenhändler haben eine Methode, Kopf und Krause dieser Taubenrace zu verschönern. Sie knicken nämlich die Federn am unteren Theile um, streichen dann Kopf und Krause beständig vorwärts, wodurch diese Theile weiter als gewöhnlich vorgehen, ja sie schneiden sogar ein Stückchen Haut zwischen Gurgel und Brust weg und nähen den Fleck wieder zusammen, wodurch die Krause ein viel geschlosseneres Ansehen gewinnt.

Die Perückentaube kommt in allen vier Hauptfarben, sowie in Weiß vor; die gewöhnliche Zeichnung der Farbigen ist die des Mönchs; d. h. die Taube hat einen bis unter die Kehle spitz zulaufenden weißen Kopf; ferner trägt diese Farbe der Mittel- und Unterrücken, weit oben gegen den Oberrücken abgeschnitten, der Schwanz und die großen Schwingen; die übrigen Theile sind gefärbt: tiefschwarz, schön taubenblau, oder fast dunkelrothbraun, die von gelber Farbe sind meistens etwas kurzhalsiger und nicht so schön und lang mit Federn behängt.

Eine andere Farbenvarietät sind die Schecken oder getigerten in allen Farben, doch zählen sie die wenigsten Liebhaber, endlich giebt es noch die doppelkuppige Varietät, welche außer der gewöhnlichen Federstruktur noch die sogenannte Schnabelrose oder Nelke der Trommeltaube dicht über der Nase trägt. Sie besonders ist es, der wir die Verunstaltung der kleinen ächten Perückentaube zuzuschreiben haben. Aus der Kreuzung mit der doppelkuppigen Trommeltaube hervorgegangen, hat sie den großen dicken Körper, die ungeschickten beflügelten Beine, den langen Schnabel ꝛc. derselben geerbt; und wenn auch die Federstruktur der Perückentaube an Kopf und Hals bei vielen Exemplaren erreicht wurde, so fehlen ihr doch die übrigen charakteristischen Merkmale derselben, und der Kenner wird sie nie als wirkliche Perückentaube gelten lassen. Die Vermehrung der Perückentaube ist nur schwach. Sie ist phlegmatisch, zutraulich, gewöhnt sich leicht ein, fliegt nicht viel, klatscht und gaukelt im Flug, hat einen trippelnden Gang und eine hellendiende Stimme, wobei es sehr schön aussieht, wenn ihre metallschillernde Perücke während des Ruckens auf- und niederwallt.

3) Die Mähnentaube, kraussigen Mohrenköpfe oder Schmalkaldener. (Columba jubata.)

Diese Taube ist wahrscheinlich eine durch lange Zucht in der Mähne vervollkommnete Laptaube, welch' letztere eine große Muschelhaube von ähnlicher Federstruktur hat. Sie ist etwas größer als die gewöhnliche Feldtaube, jedoch breiter und untersetzter und kommt hauptsächlich in Thüringen und im Sächsischen Erzgebirge vor. Der ziemlich dicke, kräftige Schnabel ist glänzend schwarz, das Auge groß, schwarzbraun, das Bein stark behost, die Füße belatscht, die Krallen weiß. Die Grundfarbe ist weiß, mit Ausnahme des Kopfes bis auf den Nacken, wo die Mähne anfängt, und vorn herunter bis auf die Brust, sowie des Schwanzes mit seinen oberen und unteren Deckfedern, welche, scharf abgeschnitten und begrenzt, schwarz sind. Die schwarze Zeichnung ist gegen den Nacken senkrecht, gegen die Brust wagerecht von dem Weiß getrennt. Charakteristisch ist die tief im Nacken auf dem Hinterhals sitzende, nach oben, unten und auf die Halsseiten fallende weiße wallende Federmähne, welche den schwarzen Nacken und Seitenhals begrenzt und da endigt, wo der Latz gegen die Brust abschneidet. Nach oben reichen die am Seitenhals nicht gescheitelten Federn nur so weit, daß der Hinterkopf frei herausragt. Diese Mähne, Krause oder Perücke besteht aus weitläufig stehenden zerschlissenen, flockigen Federn, welche ungeordnet und mähnenartig um den Hals hängen, also lange nicht eine so geschlossene Krause bilden, wie bei der Perückentaube. Auf dem Hinterhalse soll die Mähne so weit herabgehen, als der schwarze Brustlatz vorn.

Die Mähnentaube hat für Kenner nur dann Werth, wenn die Mähne, die Hosen und die Latschen groß sind, und die Farbestellung gleichmäßig und scharf begrenzt ist, auch darf die schwarze Kehle nicht zu groß sein, denn je weiter diese auf die Brust geht, um so mangelhafter ist in der Regel die Mähne. Die Taube ist scheu und weichlich, ihre Vermehrung schwach.

4) Die Strupp- oder Perltaube. (Taf. XVI, Fig. 4.) (Columba hispida S. crispa.)

Diese höchst seltene, fast nur noch in den Niederlanden ächt vorkommende Taube hat die Größe der Feldtaube, ist aber niedriger gestellt. Der Kopf ist fein und mit einer breiten, aus zierlichen Löckchen bestehenden Haube versehen; die Iris ist orangeroth, Schnabel und Krallen fleischfarbig, der Hals mittellang, Schultern und Brust breit; das Bein ist kurz, Lauf und Zehen dünn, ersterer oben etwas kurz befiedert. Das ganze Gefieder ist stets weiß, dicht und weich; alle Federn des Oberkörpers, mit Ausnahme der 12 Schwanzfedern sind an der Spitze zierlich gekräuselt, besonders die Flügeldeckfedern zweiter Ordnung; auch die Schwingfedern, namentlich die kleinern, haben diese Neigung zum Kräuseln. Die Taube ist lebhaft, gesund, fliegt gut, aber schlecht in der Vermehrung, und muß während der Mauser warm gehalten werden, da sie sehr weichlich ist und an einzelnen Stellen oft ganz kahl wird.

5) Die Lockentaube. (Taf. XIII, Fig. 10.)

Ihre Grundfarbe ist licht weißblau, die Flügelbinden sind breit und von schwarzer Farbe, aber nicht scharf gezeichnet, was darin seinen Grund hat, weil die sämmtlichen Deckfedern der Flügel gelockt sind. Die Federn sehen aus wie Krimmerpelz; die Schwungfedern sind glatt und schwarz gezeichnet. Sie hat ebenfalls die Größe der Feldtaube und etwas befiederte kurze Füße, der Rücken und die Brust sind etwas breiter. Es ist eine weichliche stets verdrießliche Taube und schlecht in der Vermehrung. Sie ist in Deutschland selten und kommt fast nur in Ungarn vor.

6) Die Seidenhaartaube.
(Columba saetacea.)

Sie hat die Größe und Haltung des Feldflüchters, ist jedoch schwerfälliger und steifer. Der Kopf ist fein und unbehäubt, die Stirn mittelhoch und breit, der spitz zulaufende Schnabel ist 2¹/₂ Centimeter lang, das Auge mit schmalen kahlen Hautfleck umgeben, die Iris meist dunkelbraun, der Hals kurz, Brust und Rücken sind breit, die mittelhohen Beine bis zur Hälfte des Laufes befiedert, die Zehen lang und dünn, die bis ans Schwanzende reichenden Schwingen lang und spitz.

Das volle, locker und ausgebreitete Gefieder ist weich, seidenartig und zerschlissen, d. h. die Fasern der Fahnen aller Federn stehen strahlenförmig, ohne Zusammenhang, doppelt so weit auseinander, als bei allen andern Tauben, so daß es aussieht, als ob immer eine Faser um die andere ausgeschnitten wäre. Die kleineren Federn liegen wellig und strahlig an- und übereinander, die größeren hängen gleich Fransen am Körper. Die Fahnen der Schwung- und Schwanzfedern sind etwas nach oben gerichtet und die 3³/₄ Centimeter breite innere Fahne der besonders stark zerschlissenen und im Kiel ziemlich stark gekrümmten Schwingfedern zweiter Ordnung überragen auf beiden Seiten den Unterrücken, so daß das Hintertheil der Taube ein ganz haariges, buschiges Ansehen hat. Das übrige Gefieder am Halse, an der Brust und am Bauche ist sehr fein, weich und seidenartig.

Die Farbe der Haartaube ist fast immer weiß, Schnabel und Krallen hellfleischfarbig. Fliegen kann sie nicht, da die Flügel und Schwanzfedern die Luft nicht halten, sie ist deshalb auf den sehr reinlich zu haltenden Schlag angewiesen. Gegen starke Kälte, Zugluft und scharfe Winde ist sie sehr empfindlich. Bei der Mauser bleiben einzelne Körpertheile oft recht lange ganz nackt. Die Vermehrung ist eine sparsame, weil die Jungen schwer aufkommen, obgleich die Taube gut brütet und füttert. Eine hübsche Varietät der Seidenhaartaube ist die in Frankreich gezüchtete mit hohlem (muldenförmigem) Schwanz, wahrscheinlich aus einer Kreuzung mit der Pfautaube hervorgegangen. Sie trägt den etwas gewölbten Schwanz nicht aufgerichtet, sondern horizontal und die sich an den Spitzen berührenden, bis 3¹/₂ Centimeter vom Schwanzende reichenden Flügel über demselben. Diese Seidenhaartaube ist jetzt überall eine Seltenheit und kommt fast nur noch in Holland vor, in Spanien, wo ihnen das Klima zuträglich ist, findet man verschiedene Varietäten der Haartaube.

7) Die Mäventaube. (Taf. VI.)
(Columba turbita.)

a) Das gewöhnliche Deutsche Mövchen

ist nächst dem Almondtümmler die kleinste unserer Haustauben, von hübscher Haltung und stämmigem Körperbau. Der Kopf ist verhältnißmäßig groß und eckig, d. h. der breite Schädel bildet über den ziemlich stark hervortretenden Augen zwei starke Hervorragungen und eine dritte der hintere Schädelknochen. Die hohe breite Stirn bildet mit dem Scheitel eine Bogenlinie, was hauptsächlich den Kopf dieser Taube so schön macht; der Schnabel ist klein und kurz, die Schnabelhaut dick. Die großen Augen haben etwas fleischige Lidränder, zuweilen etwas nackte Haut darüber. Die Iris ist schwarzbraun, mitunter hell, der kurze Hals ist stark und scharfkantig; tief im Nacken sitzt ein spitzgedrehtes Häubchen. In Norddeutschland züchtet man hauptsächlich kreuzgehäubte Mövchen oder Stücken (mit Glasaugen), in England einfarbig glattköpfige, mit kurzem Schnabel, dessen Oberhälfte hakenförmig über die Unterhälfte herabgebogen ist, am Niederrhein glattköpfige, einfarbige kleine Mövchen mit Glasaugen und von schlechter Haltung. Vom Unterschnabel an, da wo die Federn beginnen, läuft ein faltiger, einige Centimer breiter Kehlsack und von dessen Ende eine Reihe aufwärts gesträubter, langer, breiter Federn, Jabot genannt, welches bis zur vollen breiten Brust reicht. Dieses Jabot ist in der Art gebildet, daß längs einer graden Linie, von der Kehle an, bis tief in die Brust hinein, an beiden Seiten einige Reihen lockiger, strahliger Federn, anstatt am Halse anliegend, von demselben abstehend gegen einander nach der Mitte des Halses und nach oben gerichtet sind, welche, zuweilen kraus durcheinander stehend, zuweilen auf einer Seite liegend, sich beim Bewegen des Halses öffnen und schließen. Oben, unterhalb des Kehlsacks stauen sich diese Federn, legen sich rechts und links und bilden mit dem Jabot und dem faltigen Kehlsack ein Kreuz, (daher Kreuztauben). Bei den Jungen bleibt diese Stelle längere Zeit kahl und gespalten; je federreicher, länger und wallender später der Busenstreif wird, desto werthvoller ist die Taube. Der Schwanz ist etwas erhaben, die Füße sind kurz und unbefiedert, doch finden sich in der Regel, namentlich bei den farbenschildigen Mövchen farbige Höschen zu beiden Seiten der Füße, welche jedoch nicht die also benannte und bekannte Federzierde der Schenkel, sondern farbige Federn an denselben bedeuten. Die Vermehrung ist eine sehr gute und sind die Jungen sehr fleischig und schmackhaft. Das Mövchen ist eine niedliche, halb zuthunliche, halb schüchterne Taube, deren ächte, reine Race in jüngster Zeit in Folge mancherlei Kreuzung mit Cyprianern und Tümmlern, sowie durch das Bekanntwerden der Aegyptischen und Chinesischen Mövchen sehr in den Hintergrund gedrängt ist. Das Gefieder liegt glatt und fest wie angegossen und alle Körpertheile treten so symmetrisch hervor, wie bei keiner andern Taubenrace. Die Grundfarbe ist verschieden, am häufigsten findet man sie in der dem Mövchen allein zukommenden Zeichnung, weiß mit farbigen Schilden, wie die Schild- oder Deckeltauben, auch ganz weiß, blau, schwarz, gelb oder braun. Neue Spielarten sind die Cyprianer-Mövchen, die einfarbigen weißen Mövchen mit dunklem Schwanz, oder die dunklen mit hellem Schwanz (Stücken), sowie die gedeckelten mit weißen Flügelbinden, am seltensten die farbigen mit vollständig reinem Hinterleib, die einfarbigen mit weißen Binden oder weißem Jabot.

Den Namen Mövchen führt diese Taubenrace wohl von der, den Seemöven ähnlichen Zeichnung, obgleich es zweifelhaft ist, ob grade das geschilderte Mövchen die Stammrace repräsentirt.

b) Das Aegyptische Möwchen oder die Afrikanische Eule
(Columba lybica nominata.)

Diese Varietät ist nichts anderes, als ein reinrassiges feines Möwchen, mit voll entwickeltem Jabot, von zierlichem, etwas stämmigem Körperbau und edler Haltung. Die Größe beträgt von der Schnabelspitze bis zum Schwanzende 25 — 27½ Centim. Der glatte Kopf ist groß und eckig, die Stirn breit und hoch. Der Schnabel ist von der etwas gebogenen Spitze bis zum Rachenwinkel 7 Millim. lang, die Schnabelhaut, namentlich im Alter, breit und kräftig. Der Jabot ist in der Art gebildet, daß sich die Federn nach zwei Seiten theilen und ausbreiten, wie bei einer Rose, je größer, desto schöner. Die Federn liegen aber nicht am Halse an und laufen nicht nach unten zu, sondern stehen von demselben nach der Mitte zu ab und laufen kraus nach oben gerichtet, sich unterhalb des Kehlsackes stauend, sich rechts und links legend und mit Jabot und Kehlsack ein Kreuz bildend, das auf der Mitte der Brust verläuft. Je größer und gleichmäßiger die Federn der Krause gegeneinander gelegt sind, je federreicher und dichter diese ist, um so schöner die Taube. Das glatt und fest anliegende Gefieder ist zart und weich, die inneren Flügelfedern sind bei geschlossenen Flügeln dem Rücken zugekehrt. Das Auge ist groß und lebhaft, umgeben von einem weißen Augenringe, die Iris dunkel, die Brust voll und breit, Lauf und Zehen kurz und glatt, die Schwingen reichen bis 2½ Centim. vom Schwanzende. Der Flug ist leicht, rasch und hoch. Das Gefieder ist einfarbig, blau, schwarz oder weiß. Die Ersteren haben schwarze Flügelbinden. Das Gewicht beträgt nicht mehr wie 200 bis 250 Grm.

Die niedliche Figur, die Schönheit der Formen bei edler Haltung, geben ihnen unbedingt den Vorzug vor allen übrigen Möwchenarten. Sie brüten fleißig, doch sind die Jungen sehr zarter Natur und leiden schon bei wenig Graden Kälte.

c) Das Chinesische Möwchen

ist etwas größer, aber nicht so schön gebaut, wie das Aegyptische Möwchen. Der schön gewölbte, glatte Kopf ist nicht so eckig, sondern mehr rund, der starke, vorn ziemlich gekrümmte Schnabel ist etwas länger, in Form eines Papageischnabels, mit welchem Vogel diese Taube in vieler Beziehung so namentlich in der Haltung, Hals und Augen viel Aehnlichkeit hat. Das Auge ist groß, die Iris orangefarben und sehr lebhaft. Die Brust ist voll, der Hals kurz und kräftig, die Schwingen gehen bis 12 Millim. vom Schwanzende. Lauf und Zehen sind kurz und glatt. Das Jabot an der Brust und am Halse ist das Eigenthümliche an dieser Taube. Wenn sie den Hals streckt, ist der Kehlsack unsichtbar, da derselbe hinter der sogenannten Cravatte verborgen ist. Diese Cravatte wird von mehreren Reihen Federn gebildet, welche an der untern Seite des Halses aufwärts stehen und so, fest an einander gelegt, von einer Seite zur andern, 2½ Centim. tief unter dem Schnabel weglaufend, diese Cravatte in Form einer schwachen Perücke bilden. Von dieser ausgehend, zieht sich das Jabot abwärts bis auf die Mitte der Brust, eine Rosette bildend. Von hier aus gehen die Federn strahlenförmig nach allen Seiten, fast über die Brust hinaus ragend, einen schönen Anblick gewährend. In Deutschland ist sie erst seit einigen Jahren bekannter geworden, der Preis für ein Paar daher noch ziemlich hoch. Man hat sie blau mit schwarzen Binden, schwarz, gelb, silbergrau und zuweilen weiß. Sie brüten fleißig, wenn auch nicht immer mit Erfolg, namentlich wirken kalte Nächte nachtheilig auf die Brut. Diese Möwchenvarietät ist übrigens robuster und lange nicht so zart wie das Aegyptische Möwchen, daher auch die Zucht viel lohnender.

Den Namen Chinesisches Möwchen hat diese Taube von dem bekannten Französischen Taubenzüchter J. Destriveaux in Paris, der durch Zufall in den Besitz eines Pärchens gelangte. Ueber die Herkunft der Taube herrscht ein gewisses Dunkel, doch ist es wahrscheinlich nur einem glücklichen Zufalle zu danken, der diese neue Varietät entstehen und fortpflanzen ließ. Im Anfang der fünfziger Jahre brachten die aus Ostindien zurückkehrenden Zuckerschiffe eine große Anzahl Chinesischer Mövchentauben nach Tilsit und Memel und zwar in so vorzüglicher Federbildung, wie sie jetzt lange nicht mehr vorkommen. Von hier aus gingen diese Tauben nach Süddeutschland und waren dann lange Zeit aus dem Handel verschwunden, bis sie später wieder in Paris auftauchten und von da aus in den Besitz des auf dem Gebiete der Taubenzucht rühmlichst bekannten Fechtmeisters A. Brosche in Dresden gelangten, der sie, wie auch die Aegyptischen Möwchen jahrelang mit Erfolg züchtete.

Vierte Gruppe.

Tauben, welche sich durch den Bau des Körpers auszeichnen.

Erste Unterabtheilung.

Die Kropftauben.
(Columba gutturosa.)

Diese allgemein bekannte und beliebte Taubenart unterscheidet sich von allen übrigen Tauben dadurch, daß sie den Oesophagus (Schlund) bis zur höchsten Potenz aufzublasen im Stande ist, so daß dieser oft eben so groß wird, als der übrige Körper. Es geschieht dies durch Einziehung der äußeren Luft in den Schlund, vermittelst des etwas geöffneten Schnabels, wobei die Kehlklappe sich schließt; dies Schließen geschieht auf eine Weise, die noch nicht gründlich erforscht ist; wahrscheinlich wirken aber die Halsmuskeln mit. Die Aktion des sogenannten Blasens ist stets eine geschlechtliche, da vor Entwickelung des Geschlechtstriebes der Kropfer wenig und nur unvollkommen bläst, und erst zur Paarungs- und Begattungszeit zeigen beide Thiere, was sie darin zu leisten im Stande sind. Die Hauptschönheitsregel bei allen Racen der Kropftauben ist, daß der Hals lang sei, damit der Kopf nicht zwischen den Schultern stecke, was den Thieren ein unförmliches Ansehen verleiht. Ihr Flug ist meist gut, wenn auch etwas schwer, sie klatschen stark mit den Flügeln und machen häufig spielende Wendungen, besonders beim Schweben mit hochgehaltenen Flügeln. Die Vermehrung ist nur mittelmäßig; sie sind aber ihres munteren Betragens und des oben beschriebenen merkwürdigen Aufblasens ihres Kropfes und der dadurch bedingten eigenthümlich graziösen Stellungen und Bewegungen wegen sehr beliebt. Das Alter der Kropftauben erkennt man an der größeren Ausdehnung und dem immer mehr sackartigen Herabhängen des Kropfes. Sie müssen regelmäßig gefüttert werden, weil sie sich im Hunger häufig überfressen, die Körner dann unverdaut im Kropfe liegen bleiben, verderben und so den Tod herbeiführen können. In solchem Falle bläst man den Patienten von Zeit zu Zeit frisches Wasser ein, mischt vorsichtig durch die Kropfhaut die Körner mit dem Wasser und wiederholt dies Wassereinblasen so lange, bis die Körner abgegangen sind. Ein Theil davon wird gewöhnlich erbrochen und ein anderer Theil macht den regelmäßigen Weg durch den Magen. — Kropftauben sollte man nie mit andern Tauben zusammenhalten, am wenigsten die schweren Arten, weil sie während des Blasens unbehülflich sind und sich den Angriffen anderer feindseliger Tauben nicht entziehen oder sich vertheidigen können. Der Kropf wird durch Schnabelhiebe gerupft, manchmal sogar durchlöchert; beim Fressen kommen sie mit flinken Arten vielfach zu kurz; ebenso wird auch ihre umständige selbst schwerfällige Begattung von diesen oft gestört, was schlechte Befruchtung und zuweilen Bastarde zur Folge hat, wenn ein gewandter Täuber den Augenblick benutzt und die sich eben niederduckende Täubin begattet. Sie sind mannigfaltig gezeichnet, von ganz verschiedenem Habitus und theilt man sie daher in folgende Varietäten:

a) Der Deutsche kurz- und glattfüßige Kröpfer (Taf. XI.)
(Columba gutturosa maxima)

ist einer unserer größten Kröpfer von bedeutender Höhe. Die Länge beträgt 55 Centim. und die Breite mit ausgespreizten Flügeln 1,5 Meter. Er gilt als Stammrace aller übrigen Kröpferarten. Der runde Kopf ist meist glatt, zuweilen spitzgehäubt, die Stirn hoch, der Schnabel verhältnißmäßig kurz, der Hals sehr lang und nebst dem Kropfe stark mit Haaren behängt; Brust und Rücken breit, letzterer etwas hohl. Der stets aufgeblasene, etwas nach vorn hängende Kropf hat einen Durchmesser von $12\frac{1}{2}$ — 15 Centim. und einen Umfang bis zu $42\frac{1}{2}$ Centim. Die kurzen kräftigen Füße sind federlos, die nachlässig herabhängenden Flügel überragen das Schwanzende um 5 Centim. Dies ist das charakteristische Merkmal der Deutschen Kropftaube und findet sich bei keiner der folgenden Arten. Die gewöhnliche Farbe ist entweder weiß, oder blau, mit weißem Kopf oder Spießen, gelb mit weißem Schwanz und Kopfe, oder schwarz. Es ist sehr zu beklagen, daß diese Taube in reiner Race seit vielen Jahren fast ganz verschwunden zu sein scheint, da man sie auf Ausstellungen und Märkten fast nie vertreten findet. Die Vermehrung ist eine äußerst geringe.

Der Hauptgrund des Verschwindens dieser Art liegt wohl hauptsächlich im Modewechsel, in Folge dessen die Züchter sich mehr den schlanken hochbeinigen Arten zugewendet haben.

Neumeister-Prütz, Taubenzucht.

b) Der Breslauer Kröpfer.
(Columba gutturosa germanica.)

Er steht dem vorigen am nächsten, hat eine stattliche Größe, ist überhaupt eine der größten Kropftauben, doch ist er weder lang von Körper, noch ragen die Schwingen über den Schwanz hinaus, weshalb die Klafterweite viel geringer ist. Der Breslauer Kröpfer kommt einfarbig und gezeichnet vor; im letzteren Falle mit weißem Oberkopfe, die gelbgezeichneten häufig mit weißen Spießen und Schwanz.

c) Der Französische lang- und glattfüßige Kröpfer

ist von derselben Größe wie der Englische Kröpfer, gewöhnlich einfarbig, zuweilen mit der Abzeichnung der Englischen Race. Er hat mehr Temperament wie diese, und bläst den Kropf beständig und cylinderförmig auf, trägt ihn stets hoch und grade aufgerichtet und seine langen, ganz glatten Beine streckt er so, daß er der Englischen Race in Höhe und Stand gleichkommt. Bei der Aufzucht der Jungen ist der Französische Kröpfer ebenso nachlässig und unbeholfen wie alle übrigen Kropftaubenarten, und ist die Vermehrung daher auch eine schlechte.

d) Der Englische lang- und rauhfüßige Kröpfer
(Taf. XIII, Fig. 4.)
(Columba gutturosa anglicana. Englisch: The powder)

ist unter allen Kröpfern der längste und hochbeinigste, starkblasend, hochaufgerichtet und von vortrefflichem Anstande. Bei diesem Kröpfer kommen folgende 5 Hauptpunkte in Betracht: die Länge des Körpers, die Länge der Füße, die Gestalt des Kropfes, die Schlankheit der Figur und die Schönheit des Gefieders. Die Körperlänge, von der Schnabelspitze bis an das Schwanzende gemessen, beträgt bis zu 50 Centim., die Länge der Füße, vom obersten Gelenk des sichtbaren Schenkels, bis zum Ende der Zehen $17\frac{1}{2}$ Centim. Der Kropf muß weit und rund sein, namentlich in der Richtung nach dem Schnabel, bis hinter den Hals reichend, und sich bis an die Schultern anlegend. Er muß ferner in seiner ganzen Ausdehnung mit Luft angefüllt sein, und darf nicht schlaff herabhängen, so daß die Taille verhältnißmäßig dünn erscheint. Je schlanker nebenher die übrige Figur ist, in einer um so schöneren Gestalt erscheint der Kröpfer. Die Stirn ist hoch, der Nacken stark, der Schnabel $2\frac{1}{2}$ Centim. lang und kräftig, der Hals sehr lang, der Rücken hohl, die Taille fein. Die fest anliegenden Schwingen reichen bis $2\frac{1}{2}$ Centim. vom Schwanzende und kreuzen sich über dem Unterrücken. Die $12\frac{1}{2}$ Centim. langen Beine sind kräftig, nahe aneinanderstehend und gut, aber nicht übermäßig stark befiedert, Lauf und Zehen sind mit kurzen, weichen Federn dicht besetzt, doch ohne Hosen an den Schenkeln und ohne Latschen. Das ganze Gefieder ist fest und glatt anliegend, am Halse und Kropfe finden sich viele Haarfedern. Ein schön gezeichneter und gescheckter Kröpfer muß folgende

Zeichnung, die ihm eigenthümlich ist, haben: der Schopf muß weiß sein, umgeben von einem grünlichen Schimmer, vermischt mit der Farbe, wenn er gescheckt ist; mit dem Schopfe ist jedoch nur der vordere Theil nach dem Kropfe zu gemeint, und keinenfalls darf das Weiße bis hinter den Hals reichen; Kopf, Hals, Rücken und Schwanz müssen von gleicher Farbe sein. Weiß ist sodann ein zwei Finger breiter, an den Seiten spitz zulaufender Halbmond auf der Brust, ferner die Schulterrose auf der obern Flügelspitze, und die Schenkel bis zum oberen Kniegelenk, sowie die 9—10 großen Schwungfedern; alles Uebrige ist gefärbt. Die Färbung hört unten am Bauche grade vor den Schenkeln auf. Die Schulterrose besteht aus einigen weißen, mit farbig untermischten Federn in Form einer Rose auf den Flügeldecken nächst den Schultern, doch darf dieser weiße Fleck nicht bis an das andere Ende des Flügels laufen. Unregelmäßigkeit in der Zeichnung findet sich häufig bei dem weißen Brustband und der Schulterrose. Die Schecken werden fast allgemein am meisten geschätzt und unter diese sind zu rechnen die blaue, schwarze, rothe und gelbe Schecke, welche ihrerseits im Werthe steigen, jemehr sie die oben angegebenen 5 Eigenschaften vollständig erreichen. Unter gleichen Verhältnissen zieht man die Schwarzschecken den blauen und rothen vor, die Gelbschecken aber allen andern Farben. Der Englische Kröpfer muß ferner eine aufrechte Haltung haben, mit fächerartig ausgebreitetem Schwanze, der jedoch den Boden nicht berühren darf, ebenso wenig dürfen sich dabei die Rückenfedern sträuben. Er muß fest und geschlossen auf den Beinen stehen, und darf nicht, namentlich beim Treiben hinter die Täubin, springen, sondern, sich beinahe auf die Zehen stellend, trippeln. Der Flug ist sehr rasch und klatschend, einmal schnell, dann wieder schwebend, das Betragen munter, die Vermehrung in späteren Jahren gut. In Deutschland kommt die Englische Kropftaube in letzterer Zeit häufig vor, und findet man fast auf jeder Geflügel-Ausstellung recht schöne Exemplare, die natürlich noch zu hohen Preisen fortgehen; die sonst noch vorkommenden Englischen Kröpfer mit großen Hosen, breiten Latschen und langem spitzen Kropfe dürften auf Englischen Ausstellungen wohl nicht reüssiren.

Große Aehnlichkeit im Körperbau mit dem Englischen Kröpfer hat

c) die Pommersche Kropftaube,

die unverkennbar mit der Englischen verwandt ist, und in vollendeter Schönheit in Stralsund und Greifswald angetroffen wird. Sie mißt (nach der ausführlichen Beschreibung des Dr. Bodinus in der Korthschen Tauben- und Hühnerztg., Jahrg. 1858, Nr. 11 und 12) von der Schnabelspitze bis zum Schwanzende 40 — 45, von der einen bis zu der andern Flügelspitze 70 — 75 Centim.; die Füße sind vom Flügelgelenk bis zur Spitze der mittleren Zehe ungefähr $17^1/_2$ Centim. lang, und hängt es wesentlich von ihrer Biegung in den Gelenken ab, ob die Taube recht hochfüßig erscheint; je stumpfer der Winkel ist, in welchem Ober-, Unterschenkel und Ständer zu einander stehen, um so höher steht natürlich die Taube, um so werthvoller ist sie. Die Gestalt ist gestreckt mit breiter Brust, die Federn liegen überall fest an, die Spitzen der zusammengelegten Flügel reichen bis etwa 12 Millim. vom Schwanzende, der Schwanz selbst darf nicht schleppen, der Rücken muß etwas lauver gewölbt sein. Der Kropf muß kugelförmig sein und im angemessenen Verhältnisse zum Körper stehen. An den Schenkeln müssen möglichst lange Hosen herunterhängen und die den Ständer bedeckenden Latschen dürfen nicht unter $2^1/_2$ Centim. Länge haben, oft erreichen sie aber eine Länge von $12^1/_2$ Centim.

Die hauptsächlichsten Grundfarben sind gelb, braun oder schwarz in den verschiedensten Nüancen, und blau mit kaffeebraunen Schnüren. Bei den gelben oder braunen Kropftauben sind die Schwingen und der Schweif weiß, bei den schwarzen und blauen sind nur die Schwingen weiß. Die Hauptsache bei allen 4 Hauptfarben ist die Zeichnung des Kropfes. Bis über die Mitte desselben muß sich ein nach oben offener regelmäßiger Halbmond ziehen, so daß sich unter dem Unterschenkel ein 1 — 2 Finger breiter „Bart“ von der Grundfarbe der Taube befindet. Fehlerhaft sind weiße Federn auf den Flügeln, oder eine weiße Schnippe auf dem Vorderkopfe.

f) Die Sächsische Kropftaube.

Sie ist nicht so groß wie die Deutsche, weit schneller und leichter im Fluge, und von schlankerer Gestalt. Die Flügel liegen knapp am Körper und reichen bis ans Ende des Schwanzes, auf dem sich die Flügelspitzen übereinander legen. Der Schnabel ist länger und schwächer wie bei dem Deutschen Kröpfer, Füße und Schenkel sind hoch und befiedert. Sie ist schwächlicher Natur und vermehrt sich nicht stark. Gewöhnlich ist das Gefieder einfarbig, blau, schwarz, braun, gelb, häufig jedoch isabellfarbig mit weißen Flügelbinden.

g) Die Holländische Kropftaube (Taf. XII.)
(Columba gutturosa dasypus)

unterscheidet sich von der Prager Kropftaube durch einen etwas größeren Körper, mehr cylinder- als kugelförmigen Kropf und langbefiederte, mit Hosen und Latschen versehene hohe Füße. Sie ist stets einfarbig in allen Farben, häufig mit weißen Flügelbinden. Man züchtet unter ihnen am meisten die Isabellen, und findet man dieselben bei keiner andern Race so vollkommen. In Holland, von woher sie stammt, kommt sie ebenfalls nur einfarbig vor, doch hat sie daselbst weniger befiederte, dünne Beine, und kurze und nahe zusammenstehende Zehen. Der Gang des Täubers ist trippelnd, gegen die Täubin springend. Sie ist gewandt, von sehr aufrechter Haltung, schlank, gestreckt und hochbeinig, weil sie die Schenkel (d. h. den zunächst über den Bauch stehenden Theil des Beines) außerhalb des Bauchgefieders trägt. Sie bläst sehr gut, wobei der Kropf eine längliche cylinderförmige Form annimmt. Die Flügel erreichen das Ende des Schwanzes nicht, sind schmal zusammengezogen, glatt anliegend und kreuzen sich mit den Spitzen über dem Schwanze. In ihrer aufrechten Stellung mit den stark behosten Beinen gleicht die Holländische Kropftaube einem ruhenden Falken. Es ist eine sehr muntere Taube, welche gern und klatschend fliegt, besonders gern streicht sie schwebend mit hochgehaltenen Flügeln umher. In der Zucht ist sie ziemlich gut.

h) Der Oesterreichische Plätscher. (Taf. XIII, Fig. 3.)

Er ist ein Mittelding zwischen der Holländischen und der Deutschen Kropftaube; und eine kräftige Taube, größer als der Holländische Kröpfer, breiter und plumper gebaut, hat kürzere, unbefiederte Füße, steht nicht so aufrecht, hat längere Flügel und bläst den Kropf ebenso wie die Deutsche Kropftaube auf. Man könnte glauben, es wäre ein Bastard von der Deutschen und der Holländischen Kropftaube; aber dies ist nicht der Fall. Ihr Gefieder zeichnet sich aus, denn es hat eine sehr lebhafte glänzende Farbe und ist ganz einfarbig; es zeigt sich nur eine weiße Schwungfeder oder etwas Weißes am Kopfe. Wenn sie aber Abkunft oder Bastard von der Deutschen Kropftaube wäre, so würden die weißen Schwungfedern und der weiß gezeichnete Kopf nicht gänzlich wegbleiben. Es ist eine sehr gute Zuchttaube, sehr lebhaft und wenn sie die kürzeste Strecke fliegt, so klatscht sie mit den Flügeln, daß man es weithin hört, gleich dem Ringschläger. Sie ist groß, fleischig und als gut schmeckende Tafeltaube sehr zu empfehlen. Sie kommt in Schwarz, Blau, Gelb und Weiß vor.

i) Die Prager Elster-Kropftaube. (Taf. XIII, Fig. 8.)

Diese Kropftaube hat sehr viel Aehnlichkeit mit unsern alten bekannten Elster-Kropftauben. Die aber so ziemlich verschwundene Prager Elster-Kropftaube, welche den Körperbau zwischen der Deutschen und Holländischen Kropftaube hat, ist höher gestellt und hat befiederte Füße. Die Flügel haben dieselbe Zeichnung als die der Deutschen Elster-Kropftaube, die Prager haben aber nicht den reinen weiß gezeichneten Kopf, sondern vom Schnabel an bis auf die Mitte des Kopfes eine farbige Blässe. Es ist eine gute Taube zur Zucht, sehr lebhaft und hat die Manieren wie die Holländische Kropftaube.

k) Die kleinen Kropftauben

und zwar:

1) Die Brünner Kropftaube. (Taf. XIII, Fig. 1.)
(Columba gutturosa minima.)

Sie wird besonders schön in Prag und Wien gefunden, wo sie unter dem fälschlichen Namen „Holländische Kropftaube“ bekannt ist. Es ist die zierlichste und feinste aller Kropftauben. Weil sie zuerst aus Brünn zu uns importirt wurde, nannte man sie „Brünner Kropftaube“, und unter diesem Namen ist sie am bekanntesten. Sie hat von allen Haustauben den kleinsten Körper und beträgt seine ganze Länge 27½ Centim., Klafterweite 60 Centim. Die Beine sind sehr lang, weil die Schenkel außerhalb des Bauchgefieders stehen und beim Blasen so gestreckt sind, daß sie mit dem Lauf beinahe eine senkrechte Linie bilden. Das Bein mißt 11 Centim., und wiegt die ausgewachsene Taube 200 — 266⅔ Grm. Sie ist unaufgeblasen nicht viel größer wie eine Amsel und so schlank, daß man sie zwischen Daumen und Zeigefinger durchziehen kann. Den Schenkel und das mittlere Gelenk drückt sie im Affekt so stark heraus, daß es aussieht, als wenn es ein Knie wäre, welches sie nach vorn bewegen könnte, wobei sie fast senkrecht auf den Zehenspitzen steht. Der glatte, fein geformte Kopf ist länglich, die Stirn hoch, der Hals lang, der kugelige Kropf hat 7½ Centim. im Durchmesser, jedoch ohne Haare. Der dünne, spitze, abwärtsgebogene Schnabel ist 2½ Centim. lang, die Taille fein. Die Flügel liegen fest am Körper und reichen bis 2½ Centim. vom Schwanzende. Die Spieße sind stark zusammengezogen, dabei schmal und lang, über dem Unterrücken stark gekreuzt. Lauf und Zehen sind schmächtig und glatt, überhaupt hat die Taube ein loses, federarmes Gefieder, fliegt aber trotzdem gut und mit Ausdauer. Der Brünner Kröpfer ist meist farbig, wie die Sächsiche Kropftaube. Schwarze mit weißen Flügelbinden, blaue, braune und gelbe sind die gewöhnlichsten, die weißgestreiften zarten Isabellen, die seltensten. Bei dieser Färbung muß das ganze Gefieder ohne Ausnahme völlig gleichmäßig vom zartesten, duftigsten Isabell wie überhaucht sein, nicht dunkler, als daß man die rein weißen, schmalen Flügelbinden deutlich erkennen kann. Damit verbunden ist ein fleckenloser, zart fleischfarbener Schnabel, von gleicher Farbe sind die Nägel und Hautlidränder. Die Iris ist hellgelb, orange umsäumt. Ein dunkler Schnabel ist entschieden ein Hauptfehler. Die Brünner Kröpfer sind munter und lebhaft, fliegen gern rasch und klatschend, und gehen ungern in fremde Schläge. Er ist ein ebenbürtiges Seitenstück zum feinen Almondtümmler, und ebenso zierlich, elegant und munter in seiner Art als dieser. Man kann sich nichts Hübscheres denken als einen Schlag voll dieser lebhaften, netten und verliebten Täubchen, bei denen des Courmachens und Treibens kein Ende ist. Der verliebte Täuber treibt die Täubin mit ausstreichendem Schwanze, springt und fliegt ihr mit aufgeblähetem Kropfe und dummem Rucksen nach, während sie mit stolzem Anstande voraus läuft. Er fliegt leicht, rasch und klatschend und hat viel Ausdauer im Fliegen; hierzu ist der aufgeblasene Kropf mit behülflich, denn man trifft es, daß eine Brünner Kropftaube 50 — 60 Schritte weit in der Luft hinstreicht, die ausgespannten Flügel oben über dem Rücken haltend, ohne einen derselben zu bewegen. Dies bringt keine andere Taube auf eine so lange Strecke zu wege; überhaupt ist der Flug anders als bei anderen Tauben. Wenn von diesen Kropftauben ein Flug schwärmt, so sieht man sehr deutlich, wie gern sie fliegen; sie machen sich ein Vergnügen daraus, eine halbe Stunde in großen und weiten Kreisen um ihren Schlag herumzufliegen. Der Brünner Kröpfer läuft im Affekt hochbeinig wie auf Stelzen, wobei er sich noch auf die Zehen stellt und bläst den rundlichen Kropf so tüchtig voll, daß er über 7½ Centim. Durchmesser hält.

2) Die Prager Kropftaube (Taf. XIII, Fig. 2.)

auch Stockkröpfer genannt, ist nicht viel größer, wie die Brünner Kropftaube, die Füße sind ebenso hoch und nebst Zehen etwas befiedert. Sie ist entweder einfarbig mit weißen Flügelbinden, oder gestorcht, weiß mit geschecker, größtentheils braunrother Brust, Schwingen und Schwanze. Sie stammt aus Böhmen und findet man unter ihnen häufig sehr starke Bläser.

1) Die Holländische Ballonkropftaube
(Columba gutturosa batavia)

zeichnet sich zunächst durch ihre eigenthümlich kurze, runde Gestalt und zurückgebogenen Hals vor allen anderen Kropftauben aus. Ihre Länge beträgt $32\frac{1}{2}$ Centim., die Klafterweite $67\frac{1}{2}$ Centim., die Beinlänge 11 Centim., das Körpergewicht bis zu $383\frac{1}{3}$ Grm.

Der Kopf ist glatt, Schnabel und Augen gewöhnlich, der Nacken sehr kräftig, der Hals wie bei der Pfautaube zurückgebogen, selbst beim Nichtblasen, und ist dies das erste charakteristische Kennzeichen des Ballonkröpfers, die Brust ist dem entsprechend hervortretend und breit. Der Kropf hat aufgeblasen einen Durchmesser von $12\frac{1}{2}$ — 15 Centim., im Umfang $37\frac{1}{2}$ — 45 Centim., der Körper erscheint hierdurch noch kleiner und kürzer, wie er schon ist, und giebt dem Thiere ein eigenthümliches Ansehen. Die Flügel gehen bis 10 Centim. vom Schwanzende und sind etwas gekreuzt. Das Bein ist kurz befiedert, Farbe und Zeichnung verschieden. Sie steht mit gestreiften Beinen und zwar niedrig, und geht, stark nickend, würdevoll. Beim Fliegen trägt sie den Kopf und Kropf aufgerichtet, was der Taube das Aussehen eines Ballons verleiht, woher auch der Name. Alle übrigen Taubenracen strecken den Hals im Fluge horizontal aus, und diese Abweichung von der Regel ist das zweite charakteristische Kennzeichen. In der Zucht ist sie schlecht. In Holland verwendet man viel Sorgfalt auf die Nachzucht, in Deutschland weniger, da die Taube im Ganzen keinen schönen Eindruck macht.

Zweite Unterabtheilung.

a) Die Türkischen oder Orientalischen Tauben.

Nachweislich sind fast alle Repräsentanten dieser Familie aus den Türkischen Besitzungen in Asien und Afrika zu uns übergeführt worden. Deshalb wurde für jede einzelne Art derselben auch häufig der Name Türkische Taube gebraucht, zumal sie viele Aehnlichkeiten und gemeinschaftliche Eigenthümlichkeiten unter einander haben. Sie unterscheiden sich von allen übrigen Taubenracen durch ihren Schädelbau und dicken, unförmigen stark entwickelten, an der Wurzel sehr breiten Schnabel. Die Nasenhaut ist stark entwickelt, bei einigen Arten so stark, daß sie sich faltet und runzlig wird. Die Haut um das Auge ist nackt, federlos und gleichfalls runzlig. Sie sind alle glattfüßig, meistens unbehäubt und perlängig, widerstreben der regelmäßigen Zeichnung und sind meistens einfarbig. Die Farbe ist bei ihnen voll, intensiv glänzend; der Körper ist groß und kräftig entwickelt. Trotz dieser vielen Aehnlichkeiten besteht dennoch ein großer Unterschied zwischen den einzelnen Arten, der bei jeder einzelnen ausführlich beschrieben ist. Bis jetzt kennt man in Europa 6 verschiedene Arten und einige Varietäten, nämlich:

1) Die Französische Bagdette. (Taf. XVII, Fig. 1.)

Sie hat einen kräftigen, gedrungenen Körper, aufrechtstehende majestätische Haltung, perlfarbene Augen, große rothe wenig bepuderte Augenringe, einen dicken, starken und wenig gekrümmten Schnabel, der mit der Stirn einen flachen Winkel bildet, einen dünnen langen Schwanenhals, hohe, vom Kniegelenk bis zu den Zehen nackte kräftige Beine, und einen zeitweise aufrecht getragenen Schwanz, der jedoch nicht schwalbenschwanzähnlich sein darf. Das Gefieder ist knapp, so dicht am Körper liegend, daß alle feine Theile scharf hervortreten, namentlich die Schultern und das Brustbein, und oft an diesen Stellen die nackte Haut sichtbar ist. Die ohnehin sehr hohen und starken Beine treten durch das knappe Gefieder noch mehr hervor. Sie wird hauptsächlich in Frankreich gezüchtet und ist von einfacher Grundfarbe, häufig gescheckt. Ihre Haltung ist edel, der starke unbehäubte Kopf länglich, das perlfarbige Auge verhältnißmäßig groß, der rothe Augenring nicht so kräftig wie beim Carrier, der Rücken breit, die Flügel nicht sehr lang, vorn vor der Brust etwas gehoben und muß die ganze Gestalt etwas huhnartiges haben. Die Vermehrung ist eine gute.

2) Die Deutsche (krummschnäbelige) Bagdette (Taf. XV.)
(Nürnberger Bagdette)
(Columba curvirostra)

ist eine große stattliche Taube von starkem Knochenbau. Der Hals ist dünn, der Kopf lang und schmal, der Schnabel auffallend lang und vorn sehr gebogen mit großem warzigen Nasenhöcker, das Auge umgiebt ein breiter Warzenkreis. Sie ist merklich größer als die Feldtaube, die Flugbreite beträgt $77\frac{1}{2}$ Centim., das ganze Bein mißt 18 Centim.; der Flügel erreicht das Schwanzende bis auf 5 Centim. Gewicht 625 Grm. Von der Seite gesehen bilden der Kopf sammt dem langen Bogenschnabel einen Halbzirkel. Der Kopf ist fein, lang, schmal und glatt; der Schnabel ist beinahe 4 Centim. lang und schön gebogen; der warzige Nasenhöcker darf nicht weit in die Stirn hineinreichen, ist etwa $2\frac{1}{2}$ Centim. breit, ebenso lang, von vorn gesehen herzförmig; der warzige Augenring hat 2 Centim. im Durchmesser, ist mehr flach als dick, in der Jugend röthlich, im Alter weißkrustig und mit dem Schnabelwinkel und Nasenhöcker durch einen warzigen Zügel verbunden; der Hals ist schwanenartig dünn und lang, mit stark vortretendem Kehlkopf; die Kehle hängt etwas sackartig herab; das Brustbein tritt sehr scharf hervor; Rücken und Brust sind breit; die kräftigen Flügel hängen in die Brust herein, und sehen schmal aus, weil die Schwingen eng zusammengezogen sind. Die Füße sind stark und unbefiedert; das nicht volle Gefieder liegt knapp an, und läßt die eckige Gestalt markirt hervortreten. Der Nasenhöcker und Augenkreis ist regelmäßig und zierlich gebildet, nicht so monströs als bei der grobschnäbligen Bagdette; auch die Auswüchse am Mundwinkel und Unterschnabel sind kleiner.

Die Schönheitsregeln für die racemäßig gut ausgestattete Bagdette sind (nach Führer) folgende: Der Schnabel (das Horn) muß schön gebogen, lang, dick, stumpf und hellfarbig (ohne Flecken) sein; der Schnabelhöcker muß tief unten an der Stirn sitzen, mehr flach als hoch, herzförmig und nicht allzu breit; der Kopf muß lang und schmal sein, und vom Nacken an bis zur Schnabelspitze, von der Seite gesehen einen Halbkreis bilden; der Augenkreis (Rose) ist groß, flach und regelmäßig; der Hals lang und dünn und an dem Kinn mit Bart geziert; der Körper soll einen breiten Rücken und breite Brust zeigen, der Grat des Brustbeines muß scharf hervortreten, die Schwingen sollen schmal und kurz, der Schwanz kurz und die Füße hoch sein. Das Gefieder zeigt einen rein weißen Kopf mit Mückchen, geschlossene Brust, ein regelmäßiges Herz und rein gefärbten Schwanz.

Wenn Stirn und Schnabel einen Winkel bilden, wenn der Scheitel eine Dalle hat, wenn der Oberschnabel länger als der untere, oder gar gekreuzt ist und klafft, so sind das Fehler, die den Racereinheitsregeln zuwider laufen.

Man trifft bei der Bagdette eine elsterartige Zeichnung, auf deren Regelmäßigkeit der Kenner viel Werth legt: der ganze Kopf bis in den Nacken, von da spitz gegen die Brust verlaufend, ist weiß; ebenso die Deck- und Schwungfedern der Flügel, und der Unterleib (vor oder hinter den Schenkeln) gegen den Vorderleib scharf oder verlaufend abgeschnitten; desgleichen der Hinterkörper und Unterrücken sammt Schenkeln. Gefärbt sind die Zügel (schwarze kleine Fleckchen zwischen Auge und Schnabel, auch Mücken genannt), der übrige Hals, Brust, Vorderleib, Schulterfedern, Oberrücken und der Schwanz. Die Zeichnung der Schultern und des Oberrückens nennt der Liebhaber „das Herz". Man trifft die Zeichnung auch so, daß außer Kopf, Seitenhals, Vorderhals und Flügeln alles Andere gefärbt ist. Diese Zeichnungen finden sich in allen Hauptfarben; bei Gelb- oder Rothschecken soll jedoch das Herz nur klein sein. Je reiner und symmetrischer die Zeichnung, desto besser. Einfarbig und schönracig kommen sie nur in Weiß vor, in andern Farben ist dies selten.

Diese außerordentlich interessante Taube, welche mehr einem grimmigen Raubvogel, als einem friedlichen Körnerfresser gleicht, stammt aus dem Orient, und kam vermuthlich von Bagdad aus zuerst in den Handel. Bei uns wird sie vorzugsweise schön in Nürnberg gezüchtet, welches bekanntlich vor Jahrhunderten mit der Levante in lebhaftem Handelsverkehr stand und das Verdienst hat, diese stattliche Taube eingeführt und zuerst gezüchtet zu haben; noch jetzt soll sie in genannter Stadt die Lieblingstaube sein.

Ihr Flug ist kräftig, rasch, mehr stürmisch als gewandt, ihre Stimme abgebrochen und tief; gegen kleinere Tauben ist sie gewaltthätig, paßt daher nicht zu ihnen, sondern muß mit anderen großen Tauben, oder besser noch allein gehalten werden. Gegen den Menschen zeigt sie Mißtrauen und gewöhnt sich nur allmälig an ihren Futterherrn. Da sie, wie die meisten feinracigen Tauben, nicht gut züchtet, ist es zweckmäßig, wenn man einige Paare gut brütender Feldtauben daneben hält, um ihnen die Eier und Jungen zutheilen zu können. Im Alter wird die Bagdette durch den Schnabelwulst oft am Sehen verhindert, deshalb gebe man kein zu kleines rollendes Futter, sondern Gerste, große Wicken, Mais, Erbsen und kleine Pferdebohnen. Man füttere reichlich und in langen $12^1/_2$ — 15 Centim. breiten hölzernen Kistchen, welche man oben mit starkem Draht in 6 Centim. lange und ebenso breite Fächer abtheilt, damit sich keine Taube hineinsetzen kann. Bei schlechter Behandlung und in Gemeinschaft mit andern, schnellfressenden Tauben kommt sie, gleich dem Kröpfer stets zu kurz und verkümmert, weshalb man sie in der Regel auch getrennt für sich in luftigen und geräumigen Schlägen hält.

3) Die Englische (gradschnäbelige) Bagdette, (Columba tabellaria)

in England Carrier (letter-Carrier) genannt, ist eine elegante, starkknochige, breitrückige, langgestreckte, schlank und hochstehende, langhalsige edle Taube, von sehr eleganter Form, hoch aufgerichteter, kühner Haltung und nimmt unter allen Bagdetten den ersten Rang ein. Sie stammt aus Aegypten und ist bis jetzt in England zur größten Vollkommenheit gezüchtet. Sie ist in den letzten Jahren in Deutschland sehr in Aufnahme gekommen, obgleich man sie bei uns selten schön findet. Der Schädel ist lang, eng zwischen den Augen, und flach an der Spitze, der gegen den Nacken etwas eckig abfallende Kopf lang, schmal und flach, der Schnabel lang, grade, verhältnißmäßig dick und keilförmig. Der obere Theil des dem Gefieder entsprechend gefärbten Schnabels vom Kopfe an, ist mit einem runzligen, schuppigen Fleischauswuchs bedeckt, der entweder emporsteht oder auf beiden Seiten herüberhängt, und auf der Hälfte des Schnabels in einer Spitze endigt. Der Auswuchs darf nicht flach anliegen, sondern muß aufgerichtet sein, wie die Oberfläche des Blumenkohls, von etwas schwärzlicher Färbung. Auch die Schnabelwinkel und die untere Kinnlade sind stark bewarzt. Der Auswuchs am Auge ist groß, fleischig und reicht bis über den Schädel. Der Augapfel muß glänzend hervortreten, die Iris feurig roth und stets der Grundfarbe entsprechend, aber nie weiß, und mit einem breiten warzigen Augenkreis umgeben sein. Das Auge selbst ist groß, rund und von gleicher Ausdehnung. Der Schnabel und der lange unbehaubte Kopf bilden mit dem langen, dünnen Halse beinahe einen rechten Winkel; die Schultern sind breit und treten namentlich die Schulterknochen stark hervor, die Brust breit und voll, das Brustbein niedrig und flach, die Flügel sind fest angezogen, hängen vorn ziemlich weit in die Brust herein, und die Schwingen ruhen auf dem Schwanze. Die Füße sind lang, am Lauf nackt, an den Schenkeln gut befiedert, die Federn dicht und geschlossen, das Fleisch fest, die ganze Figur von schöner Symmetrie, jedoch mehr breit wie hoch. Die Haltung ist eine sehr aufrechte, das Temperament scheu und sehr aufmerksam. Die alten Aegypter benutzten den Carrier zur Briefpost, wozu er sich auch ganz gut eignet. Man hat den Carrier in blau mit gut markirten schwarzen Strichen über Flügel und Schwanz, tiefschwarz, dunkelbraun, oder weiß. Die gescheckten sind weniger geschätzt, rothe und gelbe sehr selten. Die Stimme des Carriers ist sehr tief und voll, sein Flug ziemlich schnell und ausdauernd. Bei der Täubin ist die Schnabelwurzel schwächer, die Auswüchse fehlen manchmal gänzlich. Im Alter werden die Warzenhöcker immer dicker und bedecken die Augen zuweilen so sehr, daß das Thier kaum sehen kann. In der Zucht ist der Carrier, gleich andern hochveredelten Tauben, in der Regel schlecht. Die Jungen bedürfen längere Zeit als andere zur Erreichung völliger Größe und Mannbarkeit. Schnabelhaut und Augenringe erfordern mehrere Jahre, bis sie vollkommen ausgebildet sind. In seiner größten Vollkommenheit kommt der hochveredelte Carrier überall nur selten vor. Ein gutes Paar Carrier bezahlt man in England mit 20 £.

Bei einem großen Theil der Nachzucht des Carriers sind Kopf und Zubehör mehr oder minder mangelhaft; diese geringeren Tauben nennt man Reiter- oder Rittertauben, auch Horseman, welche bei passender Verpaarung aber immer wieder ächte Carriers züchten.

4) Die kurzschnäbelige Bagdette. (Taf. XIV.)

(Türkische Taube.)
(Columba turcica.)

Diese Taube hat einen starken Knochenbau, hohes Brustbein, breite Brust und Rücken, ist sehr lang gestreckt und langschwingig, hat eine mittelmäßige Haltung und steht niedrig. Sie ist merklich größer als die Feldtaube, von plumpem aber nicht eckigem Körperbau. Der Kopf ist glatt und länglich, zuweilen spitz gehäubt. Der Schnabel ist 2½ Centimeter lang, dick, etwas gebogen und stumpf, in der Farbe dem Gefieder entsprechend, die Schnabelhaut breit, aber nicht lang. Schnabelwinkel und Ränder nebst Unterschnabel sind mit dicken und vielen Hautwarzen besetzt; die Nasenhaut aufgetrieben, grobwarzig und weiß überpudert. Das Auge ist groß, die Iris feurig rothgelb, die Augenlider dickfleischig, der Augenkreis dick und 2 Centimeter im Durchmesser, in der Jugend lebhaft gefärbt. Bein und Fuß wie bei allen Orientalischen Tauben unbefiedert. Das Gefieder ist voll und hart, meistens schwarz oder braun, selten blau, weiß oder gelb. Sie ist ziemlich lebhaft und sehr zänkisch. Der Flug ist rasch und kräftig, die Vermehrung gut.

Von der gerundschnäbeligen Bagdette unterscheidet sie hinlänglich der kürzere und dicke Hals, der kürzere und dicke Schnabel, die kleineren Warzenkreise um die Augen und die weniger elegante Haltung. Die krummschnäbelige Bagdette hat einen ganz anders geformten, viel längeren Bogenschnabel und braucht es auch für den Nichtkenner keines andern Merkmals.

5) Die Englische Tafeltaube. (Taf. XVII, Fig. 6.)

Diese Tauben kamen vor mehreren Jahren unter dem Namen Englische Tafeltauben aus Paris. Sie haben sehr viel Aehnlichkeit mit der Türkischen Taube, doch nicht so dicke und starke Augenringe. Die Englische Tafeltaube, wahrscheinlich ein Bastard, ist mir völlig unbekannt, da sie aber Neumeister in der ersten und zweiten Auflage seines Werkes anführt und gezeichnet hat, so nehme ich keinen Anstand, sie auch in dieser neuen Auflage wiederum mit anzuführen, umsomehr, da sie sich auf Taf. XVII, Fig. 6, abgebildet befindet.

6) Die Drachentaube.
(Englisch: The Dragon.)

Obgleich diese Varietät des Carriers nur ein Bastard von ihm und einem Tümmler ist, so besitzt sie doch ihre ganz eigenthümlichen Merkmale, und da diese Varietät konstant geworden ist, und in letzterer Zeit auf Deutschen Ausstellungen vielfach vertreten war, so dürfte es immerhin von Interesse sein, sie etwas näher zu beschreiben.

Die Drachentaube ist von mehr als mittlerer Größe, von aufrechter kühner und lebhafter Haltung; den Hals trägt sie ausgestreckt und die Flügel fest an die Seite geschlossen. Ihre Haltung und Bewegungen zeigen große Muskelkraft und die Fähigkeit, schnell und kräftig zu fliegen.

Die charakteristischen Merkmale des Kopfes sind deutlich hervortretend. Das Auge ist groß, voll und bei der blauen Varietät glänzend orangefarben, der Augenkreis klein, zart und rund; der Auswuchs am Schnabel ebenfalls klein, zart und nach dem Kopfe zu geneigt. Der Schnabel ist schwarz, spitz zulaufend, leicht gekrümmt und hierin wesentlich von dem langen graden Schnabel des Carriers verschieden, die Flügel sind gut entwickelt, nicht blos, was die Muskeln und den Knochenbau betrifft, sondern auch hinsichtlich der Flugfedern. In Folge des fest geschlossenen Gefieders an Hals und Körper ragen die Flügel bis an die Brust vor und verleihen der Taube den Ausdruck großer Festigkeit und Stärke. Gut gezeichnete blaue Drachentauben werden im Allgemeinen denen anderer Färbung, als roth, gelb, schwarz oder weiß vorgezogen. Die wundervolle, einem Kampfhahne ähnliche Haltung eines schönen blauen Drachens finden sich selten bei andern Farben. Die rothen und gelben haben meistens einen zu breiten Kopf, und die schwarzen und die weißen oft einen fehlerhaften Auswuchs, wodurch sie das Aussehen eines gekreuzten Carriers erlangen.

7) Die Orientalische und die Europäische Brieftaube.
(Taf. XIII, Fig. 7.)
(Columba tabellaria persica et columba tab. europea.)

Die Brieftauben, gleichviel ob Orientalische oder Europäische, bilden keine besondere Race, sondern sie sind durch geschickt gewählte Kreuzung verschiedener Racen, welche ehedem zu Boten auf kurzen Strecken verwendet wurden, entstanden.

Die Fähigkeit, den Weg zur Heimath zurückzufinden, ist namentlich den Orientalischen Tauben eigen, da sie aber zu schnellen und weiten Reisen zu schwer sind, so hat man sie, um gute Reisetauben zu erzielen, mit leichteren Tauben verschiedener Arten gepaart, so namentlich mit dem Tümmler und dem Möwchen. Hauptsächlich nahm man die Englische Bagdette und den Tümmler, und die hieraus hervorgegangenen Jungen paarte man wiederum mit Tümmlern, woraus dann die eigentliche Brieftaube gezüchtet wurde.

Die Orientalische Brieftaube hat in allen Beziehungen so viel Aehnlichkeit mit der oben beschriebenen Englischen Bagdette, daß eine nochmalige Beschreibung hier überflüssig erscheint, nur soviel sei noch bemerkt, daß ihre Schnelligkeit im Fluge der der Belgischen Brieftaube lange nicht gleichkommt. Jedenfalls ist ihre Wahl als Reisetaube durchaus nicht gerechtfertigt, da ihr jegliche Gewandheit in kurzen Wendungen abgeht; die größte Schnelligkeit auf 16 Stunden Entfernung ist eine Stunde Flugzeit.

Unter den Europäischen Brieftauben zeichnet sich namentlich die Belgische Brieftaube (Columba belgica) vortheilhaft aus, und zwar in folgenden Varietäten:

a) Die Antwerpener Brieftaube.

Sie ist ein Bastard vom Carrier mit dem Tümmler in der zweiten oder dritten Generation und trägt, je nachdem sie mehr diesem oder jenem nachartet, die Merkmale der einen oder andern Race in hervortretenderem Maße. Die erste Kreuzung, der Dragon oder die Drachentaube hat man in Antwerpen vorzugsweise zur Zucht der Brieftauben verwendet und aus diesen Mischlingen hat sich nun eine wenigstens einigermaßen feststehende Race gebildet, deren Angehörige mehr oder minder fleischige Augenränder und dicken Nasenwulst, sowie mehr oder weniger lange Schwingen, breite Fahnen der Schwungfedern und ein straffes, knapp anliegendes Gefieder zeigen. Zuweilen kommen sie auch ohne Nasenwulst und ohne fleischige Augenränder vor, verläugnen jedoch auch in diesem Falle ihre Abkunft nicht. Die Taube hat einen langen, mit dem flachen Kopfe eine Linie bildenden Schnabel und einen langen schmalen Hals. Die Nasenhaut ist nicht so dick wie bei der Brüsseler Taube, die Iris ist roth, das Gefieder verschieden gefärbt, am häufigsten blau oder hellroth; beliebt sind auch die oft sehr bunten Schecken. Die Antwerpener Brieftaube ist ein durchaus sicherer Flieger, welcher auch bei schwierigen Terrainverhältnissen, also in gebirgigen Gegenden, innerhalb großer Städte, in sumpfreichen und stark nebeligen Landschaften und am Meeresstrande, sowie besonders für weite Touren am zuverlässigsten sich zeigt. Nach Lenzen's Behauptung bewährt sie sich am besten, wenn die Flugrichtung von Osten nach Westen geht. Sie wird auch früh, sobald sie vollständig ausgewachsen ist, abgerichtet und fliegt bereits in den ersten Jahren sehr gut.

b) Die Lütticher Brieftaube.

Die Lütticher Brieftaube ist ebenfalls keine reine Race, sondern ein Mischling vom Mövchen mit dem Tümmler. Es ist eine kleine Taube mit gewöhnlich unbehaubtem feinem, ausdrucksvollen Kopfe, flacher Stirn, dem Gefieder entsprechend gefärbter Iris, voller Brust, gebogenen Flügeln und reichem, sammtweichem Gefieder. Bei manchen Exemplaren zeigt sich mehr oder minder deutlich das Jabot und der Bart, seltener auch noch das Häubchen des Mövchens. Der etwas kräftige Schnabel ist mit einer nicht zu starken Nasenhaut umgeben. Häufig kommen auch, namentlich bei den Tauben aus Verviers noch Glasaugen und Federfüße vor. Ihre Eigenthümlichkeiten sollen hauptsächlich darin beruhen, daß sie noch langer Zeit, zuweilen noch nach Jahren, vom Heimathsgefühl getrieben, ihrem alten Schlage zueilt und deshalb, meint Lenzen, wird sie für militärische Zwecke am brauchbarsten sein, indem sie selbst bei einer langen Dauer der Belagerung immer noch sicher heimkehren würde. In den ersten Jahren soll sie sich dagegen auf langen Touren nicht bewähren, und kann erst mit dem dritten Jahre dazu verwendet werden.

c) Die Brüsseler Brieftaube.

Merklich verschieden von der Lütticher Taube ist die Brüsseler, welche ganz den Typus der ächten Türkischen Taube an sich trägt. Sie ist groß, kräftig, kurzhalsig, hat einen dicken Schnabel, dicke fleischige Augenringe und starke, runzelige Nasenhaut.

Alle diese Varietäten tragen, wie schon bemerkt, keinen feststehenden Typus einer Race. Sie schwanken ebenso in der Gestalt und in den angegebenen charakteristischen Merkmalen, als auch in der Färbung des Gefieders. Einfarbige, blaue, schwarze, weiße Tauben, seltener gelbe und rothe, am häufigsten aber bunte, meistens sehr unregelmäßig gezeichnete und unschöne sind zuweilen die tüchtigsten Flieger. Rein weiße, gelbe und andere helle Tauben schätzt man weniger, da sie leichter von den Raubvögeln ergriffen werden. Die Französischen Züchter ziehen dagegen die weißen Tauben vor, weil nämlich einerseits die Buchstaben und Zeichen des Stempeldrucks oder der Depesche auf den weißen Flügelfedern deutlicher hervortreten, andererseits weil weiße Tauben sich im Fluge besser beobachten lassen, sodann auch, weil sie nicht so sehr durch den Einfluß der Sonnenstrahlen leiden sollen als schwarze oder dunkelfarbige Tauben. Ganz besonderes Gewicht legen manche Liebhaber auf die Farbe der Augen. Die Antwerpener Brieftaube zeigt oft das schöne, weißgelbe, sogenannte Glasauge; die Lütticher Race hat am häufigsten ein rothes oder auch braunes, gelbes, schwarzes Auge. Bei den gescheckten Tauben sind die beiden Augen nicht selten verschieden gefärbt. Die schwarzen, braunen und dunkeln Augen überhaupt gelten bei manchen Liebhabern als Vorzug, weil man annimmt, daß solche Tauben bei bewölktem Himmel und düsterm Wetter besser sehen sollen.

Vorstehende Mischlingsracen, die Antwerpener, die Lütticher und die Brüsseler Brieftaube, sind in reinen typischen Exemplaren allenthalben, selbst in Belgien, recht selten. Durch fortwährende weiter geführte Kreuzungen der Stammracen: Carrier, Mövchen, Tümmler und Feldtaube untereinander, sowie wiederum der beiden Mischlingsracen und aller dieser Bastarde zusammen, ist nun aber eine bunte Mannichfaltigkeit von Taubenformen entstanden, die, unter dem Begriff Brieftaube zusammengefaßt, jeder nähern Beschreibung spottet.

Bei der Auswahl der zur Zucht von Brieftauben bestimmten Exemplare, gleichviel von welcher Race, ist immer auf folgende Merkmale zu achten. Bei kleinem Körperbau muß die Taube eine möglichst große Klafterweite, dichtes Gefieder und stark beschwingte Flügel, d. h. recht breite Fahnen an den Schwungfedern haben. Haupterforderniß ist möglichst hohe Muskelkraft der Flügel, so daß man dieselben nur mit Mühe emporzuheben vermag. Durch große Klafterweite, d. h. durch lange spitze Flügel erwächst der Brieftaube ein doppelter Vortheil, indem sie einerseits schneller zu fliegen vermag und andererseits die breite Innenfläche des Flügels für den Abdruck des Stempels und für die Depesche reichlichen Raum zeigt.

Die Liebhaberei unterscheidet, abgesehen von allen Racen und Arten und nur den individuellen Werth der einzelnen Taube ins Auge gefaßt, Leittauben und Spurtauben; erstere, welche selbstständig den Heimweg finden und zurücklegen, letztere, welche jenen nur folgen und ohne sie für die Flüge nicht brauchbar sind.

Das Wiederauffinden der Heimath bei den Brieftauben beruht lediglich auf geregelte Dressur und dem außerordentlich scharfen Orientirungsvermögen, d. h. sich während des Fluges in der Gegend so genau zu orientiren, daß die Taube auch aus der weitesten Entfernung immerhin einen Punkt aufzufinden vermag, welcher sie leitet. Selbstverständlich ist es, daß diese Begabung einerseits von der Schärfe der Sinne abhängt, und andererseits nicht allein bei den verschiedenen Taubenracen, sondern auch noch bei den einzelnen einer jeden solchen je nach der individuellen Begabung außerordentlich verschiedenartig sich zeigt. Und dadurch erklärt es sich von vornherein, daß die Tauben mancher Art ungleich besser zur Abrichtung als Brieftauben sich eignen als andere, und daß wiederum selbst unter den als Brieftauben geschätzten Arten manche Exemplare, die den vollen Typus der reinsten Race zeigen, dennoch hinter einzelnen Tauben aus minder befähigten Arten weit zurückbleiben.

Aus dieser Thatsache aber ergiebt sich ebenso wie aus der Erfahrung auch wiederum, daß eine sachgemäße, durchaus systematische Abrichtung selbst bei den begabtesten Brieftauben durchaus nothwendig ist. Daß die zärtliche Zuneigung der Paare mit ein Hauptmotiv zur Rückkehr bildet ist ebenso zweifellos, da wie bei den Schwalben, so auch bei den Tauben der an den häuslichen Heerd fesselnde Sinn so bewunderungswürdig entwickelt ist. Die natürliche Harmonie der Paare ist die wesentliche Basis und absolut unerläßliche Bedingung zur Erziehung guter Brieftauben.

Da es nicht meine Aufgabe ist, in diesem Werke eine Beschreibung der Dressur der Brieftauben zu geben, so verweise ich die sich dafür interessirenden Leser auf das im Verlage von Meinhold Söhne in Dresden erschienene Werk des schon mehrfach genannten, um die Deutsche Brieftaubenzucht so verdienten Herrn H. J. Lenzen „Die Brieftaube. Geschichte, Pflege und Dressur derselben". Preis 1 Mark 50 Pfennige.

8) Die Berberei- oder Indianertaube. (Taf. VIII.)
(Columba barbarica)

von den Franzosen Polnische Taube genannt, ist die kleinste aller Orientalischen Tauben und wird namentlich schön in Süddeutschland gefunden. Sie ist kleiner, aber gestreckter wie die Feldtaube, steht niedrig und hat eine edle Haltung. Der Kopf ist glatt, selten gehäubt, sehr breit und eckig, im Verhältniß zum übrigen Körper jedoch klein und sehr markirt; der Scheitel flach mit einer Erhöhung, die Stirn niedrig, kurz, und keinen Winkel mit dem $1^1/_4$ Centimeter langen und 1 Centimeter dicken stumpfen Schnabel bildend, der hellfleischfarbig sein muß. Die hoch oben sitzende Schnabelhaut ist 2 Centimeter breit und 1 Centimeter lang, in der Jugend röthlich, später weißlenfig. Das Auge ist groß, die Farbe der Iris weiß, die Augenlider dick und von einem schönen, zuweilen bis $2^1/_2$ Centimeter im Durchmesser haltenden, fleischigen, gekräuselten, lebhaft roth gefärbten, dicken Augenring umgeben, welcher zuweilen über den Scheitel hinausragt. Zwischen dem Scheitel und der Stirn, auf jeder Seite derselben, vom Schnabelwinkel aufsteigend, befindet sich eine tiefe Kerbe im Gefieder, welche dem Kopfe zur besonderen Zierde gereicht. Der Schnabelwinkel und seine Ränder sind mit Warzen und Perlen, dem Augenkreis ähnlich eingefaßt, ebenso der Unterschnabel. Schnabel-Auswuchs, Stirn, Scheitel und Nacken bilden im Profil ein Viereck. Die Schönheit des Berber wird nach dem Kopfe nebst Zubehör bestimmt. Der Hals ist kurz und oben dünn, leicht nach vorn gebeugt, die Brust breit, gespalten, die Flügel hängen lose an der Seite, die breiten Spitzen lehnen an den Schwanzfeiten an. Das Bein ist stark, Lauf und Füße unbefiedert, lebhaft geröthet, die Krallen weiß. Der Gang ist schnell, der Flug rasch und leicht. Das Gefieder ist voll, weich, glänzend und fest in der Farbe. Diese ist schwarz, braun, gelb, auch grau gesprenkelt, seltener blau, am seltensten weiß mit rosaschillerndem Halse. Die Vermehrung ist ziemlich gut, doch scheint es fast, als entarte diese Race im kälteren Klima. Die Französische Varietät ist größer, mit dickem, breitem, kantigem Kopfe und breitem kurzem Schnabel; der längere Hals, der lange schlanke Körper lassen sie edler erscheinen als die theilweise gekreuzte kleinere Sächsische Race. Die Letzteren haben den Fehler, daß die Augenringe sich nicht ausbreiten, sondern mit der Zeit wulstiger werden, und die rothe Farbe verlieren, sie mögen ausfliegen oder eingesperrt bleiben. Bei der großen Französischen Race (auch Englische genannt) hingegen vergrößern sich die Augenringe von Jahr zu Jahr und bleiben bis zum höchsten Alter schön roth. In Deutschland wird die Berber Taube in ächten Exemplaren selten gefunden. In früheren Jahren kamen sie im weiß häufig unter dem Namen Amerclans oder Möhrken in den Handel, namentlich in der Provinz Brandenburg. Jetzt scheinen sie daselbst ausgestorben zu sein. In Elberfeld, überhaupt im Bergischen hat man den Berber unter dem Namen „Türken". Woher die Benennung „Indianer" und die Französische Bezeichnung „Polnische Taube" stammt, ist nicht recht zu erklären.

9) Die Römische Taube. (Taf. XVII, Fig. 7.)
(Columba romana.)

Die Römische Taube ist in den meisten Europäischen Ländern in vielen Varietäten verbreitet, am schönsten jedoch in Frankreich. Sie hat in der Gestalt und in einzelnen Körpertheilen Aehnlichkeit mit der Türkischen Taube, besitzt wie manche andere Taubenrace in einem gewissen

Grade die Fähigkeit den Kropf aufzublasen, und hat, gleich der Montaubantaube, an denselben Haarfedern. Daß sie, wie vielfach geglaubt wird, von einem Deutschen Kröpfer und von einer großen Orientalischen Taube abstammt, ist entschieden eine irrige Annahme. Das hohe Bein und die flachliegenden Augen erinnern an die Hühnertaube. Die Länge von der Schnabelspitze bis zum Schwanzende beträgt $\frac{1}{2}$ Meter, die Klafterweite 85 Centimeter, die Beinlänge $17\frac{1}{2}$ Centimeter, Rückenbreite $12\frac{1}{2}$ bis 15 Centimeter. Das Gewicht beträgt 1 Kilogramm.

Sie hat einen länglichen, glatten Kopf mit starken Wangen, gewölbten Scheitel, mittelhohe Stirn, und einen $2\frac{1}{2}$ Centimeter langen, an der Wurzel 18 Millimeter dicken, stumpfen, dem Gefieder entsprechend gefärbten Schnabel. Die Nasenhaut ist kräftig, die Iris perlfarbig; das Augenlid lebhaft roth, und ebenso die schmale, 3 Millim. breite, aber nicht sehr dicke Augenhaut. Die Brust ist breit, das Kielbein hoch, Beine und Füße sehr stark und glatt, die Flügel lang und kräftig, ebenso der Schwanz. Sie fliegt schwer, geräuschvoll und selten, durchnäßt kann sie sich nicht vom Boden erheben. Ihre Vermehrung ist schlecht. Man findet sie gelb, roth, grau gesprenkelt, brillant schwarz, blau oder fahl. Am seltensten sind die Weißen mit Perlaugen. Wie bei allen Racen sind die von seltener, feiner Farbe auch schwächlicher im Körper und weniger gut entwickelt.

10) Die Montaubantaube (Taf. XVII, Fig. 8.)

gehört eigentlich nicht zu den Orientalischen Tauben, denn sie ist rein Französischen Ursprungs und stammt aus der Stadt Montauban in Süd-Frankreich, von wo aus sie der schon mehrfach erwähnte Fechtmeister A. Prosche in Dresden importirte und um ihre Züchtung in Deutschland sich großes Verdienst erwarb. Das Charakteristische an ihr ist die bedeutende Größe welche $52\frac{1}{2}$ — 55 Centimeter beträgt, Rückenbreite $12\frac{1}{2}$ — 15 Centimeter; ein nicht weniger charakteristisches Kennzeichen ist ihre breite Haube, welche eine sogenannte Muschelhaube — sehr breit, flach und bis zu den Ohrlöchern reichend — sein muß. Man hat auch Montaubans mit glatten Köpfen; diese sind jedoch wenig beliebt und ziemlich werthlos. Die Montaubantaube steht auf kurzen, mit dünnen kurzen Federn besetzten Beinen und glatten Zehen. Das Gefieder ist lang und stark, der Körper reich und dicht mit Federn bedeckt und nicht sehr fleischig, die Flügel trägt sie etwas schleppend. Es ist eine Paradetaube, die aber demungeachtet nicht sehr beliebt ist, da sie schwer fliegt, und sehr ungeschickt im Brüten ist, indem sie oft ihre Eier und Jungen zertritt. Man findet sie blau, schwarz, braun und auch gescheckt; in gelb sind sie sehr selten.

b) Die Spanische Taube. (Taf. XIII, Fig. 5.)
(Columba hispanica.)

Eine Spanische Taube als ausgesprochenen Typus giebt es eigentlich nicht, jedoch gehen in dieser Hinsicht die Ansichten der bedeutensten Taubenkenner, wie Führer, Dietz, Lenzen u. A. sehr weit auseinander. Da jedoch die Delegirten des ersten Deutschen Geflügelzüchter-Tages diese Taube als besonderen Typus aufgestellt haben, so halte auch ich bis zur Klärung der Frage an dieser Ansicht fest.

Die Spanische Taube ist außerordentlich groß, breit und lang, starkknochig, hochbeinig und langhalsig, wegen der nachlässigen Haltung erscheinen diese Theile aber kürzer, der Nasenhöcker ist kräftig, etwas gerissen, der Schnabelwinkel zuweilen warzig; das Augenlid ist lebhaft roth, der nackte Augenkreis roth, schmal, gegen 4 Millimeter breit und nicht sehr dick, der Schnabel stark, lang und etwas habichtförmig gebogen, jedoch nicht so lang und kräftig wie bei der Bagdettentaube, mit der sie große Aehnlichkeit hat; der Körper ist aber schlanker, Flügel und Schwanz hingegen länger. Die ganze Länge beträgt 60 Centimeter, wovon auf den Schnabel 26 Millimeter, auf den Schwanz $21\frac{1}{4}$ Centimeter abgehen; Flugbreite gegen 1 Meter, die längste Schwinge mißt 30 Centimeter, das Bein (Schenkel, Lauf und Mittelzehe) 21 Centimeter; Rückenbreite 15 Centimeter. Das Gewicht beträgt gegen 1 Kilogramm. Der $2\frac{1}{2}$ Centimeter lange Schnabel ist an der Basis 20 Millimeter dick und ziemlich stumpf, das Auge liegt etwas tief, die Iris ist meist rein perlfarbig; der Kopf ist stets unbehaubt, länglich, ein sogenannter Gänsekopf, der mittelhohe Scheitel gewölbt; der Hals ist $11\frac{1}{4}$ Centimeter lang und dick, wird aber nicht aufrecht getragen. Die Brust ist breit, das Kielbein hoch, die Füße ziemlich stark und nicht befiedert. Das Gefieder ist voll, locker, meistens einfarbig, oft schön geschuppt; der Körper wird horizontal getragen, die langen Schwingen erreichen das Schwanzende bis auf $2\frac{1}{2}$ Centimeter. Sie geht rasch, weitspurig mit gespreizten Zehen, fliegt schwer und geräuschvoll, läßt ihre tiefe Stimme gern hören, und ist lebhaft und zutraulich. Gegen andere, kleine Tauben aber ist sie zänkisch und denselben durch ihre Stärke gefährlich. In Frankreich züchtet man sie am schönsten; es giebt jedoch eine solche Menge Varietäten und Abweichungen in der Körperform, daß man kaum weiß, in welche Gruppe man sie unterzuordnen hat.

Fünfte Gruppe.

Die Hühnertauben.

Sie zeichnen sich namentlich durch ihren abnorm großen Körperbau, sowie durch ihren kurzen, aufrechtstehenden, den Hühnern ähnlichen Schwanz vor allen übrigen Taubenracen aus.

Man unterscheidet folgende Varietäten:

1) Die Malthesertaube. (Taf. XVII, Fig. 2.)
(Columba brevicauda.)

Sie hat die Größe eines kleinen Englischen Zwerghuhns, einen glatten, schmalen, vorn etwas länglich zulaufenden Kopf, langen aufrecht getragenen gebogenen Hals, starken runden Nacken, abgestumpften Schnabel, starke Nasenhaut, tiefe Augen, fleischige rothe Augenlider, einen etwas hervor-

Neumeister-Prütz, Taubenzucht.

tretenden Kopf, einen 12½ Centimeter breiten Rücken, runde, gespaltene Brust, kleine kurze Flügel, starke, glatte rothe Füße, und einen sehr kurzen, grade in die Höhe, über die Schwungfedern der Flügel emporstehenden Schwanz, ähnlich wie beim Bastard der Blautaube. Das hohe kräftige Bein ist 17½ Centimeter lang und ragt ausgestreckt, 2½ Centimeter über das Schwanzende heraus, was bei keiner andern Taube vorkommt. Die schmalen Schwingen reichen bis 3 Centimeter vom Schwanzende. Sie trägt dieselben hoch am Körper und auf drei verschiedene Arten: über dem Schwanz gekreuzt, oder zusammenstoßend, zwischen oder unter demselben, die kurzen Spitze ganz schmal zusammengezogen. Der kurze Schwanz erscheint wie mit einer Scheere abgeschnitten. Zuweilen trägt ihn die Taube etwas ausgebreitet, zuweilen schmal zusammengezogen; gewöhnlich in einem Winkel von 45 Graden ausgestreckt, oder ganz senkrecht stehend. Der Riere ist wie beim Huhne dick mit Flaum besetzt. Die ganze Gestalt ist kugelig, beinahe so breit als lang und sehr hochbeinig. Die Hühnertaube hat ebenfalls einen aufgestülpten Bürzel gleich der Blautaube. Sie geht ziemlich breit und schreitet weit aus. Die Haltung, der Gang und die Bewegungen des Kopfes sind huhnartig. Sie fliegt und feldet schlecht, und ist, trotz des starken Körperbaues etwas weichlich. Die Vermehrung ist eine gute, sie zieht mit Ausnahme der Zeit des Federwechsels, beinahe das ganze Jahr hindurch Junge auf. Das Gefieder ist bei der ächten Stammrace einfarbig weiß, ihr am nächsten kommen dann die Einfarbigen in blau; bei den anders Gefärbten als schwarz, braun, sohlroth mit dunklen Binden, sind die Kennzeichen abgeschwächt. Man findet sie hauptsächlich in der Gegend um Linz.

2) Die kleine Malteser- oder die Rebhuhntaube (Taf. XVII, Fig. 3.)

hat die Größe eines Tümmlers und denselben Körperbau wie die Römische Taube, nur nicht so groß, einen kurzen, starken Schnabel, einen runden Kopf, einige Augenringe, langen Hals, glatte, hohe Füße, kurzen hochgetragenen Schwanz, und kurze Flügel und Schwungfedern. Ihr schönes Gefieder hat eine graue, schwarzmelirte Grundfarbe, dem Rebhuhne ähnlich, woher auch wohl der Name.

3) Die Florentiner- Hinkel-, oder Piemontesertaube (Taf. XVI, Fig. 1.)

hat fast die Größe eines kleinen Englischen Zwerghuhns, glatten Kopf kurzen gedrungenen starken Körperbau, langen, schwanenartigen Hals, hohe Beine, und einen kurzen, grade in die Höhe stehenden Schwanz. Sie ist etwas schwerfällig, doch gut in der Zucht. Die Grundfarbe ist weiß, gewöhnlich mit blauem Kopf, Hals und Brust, blauen Schilden und blauem Schwanz. Sie ist ein Bastard der Hühnertaube. Eine sehr elegante Varietät der Florentiner Taube ist

4) die Modeneser Haustaube.

Sie ist etwas kleiner wie die vorige und von ganz besonderer Schönheit; in Modena, wo sie seit undenklichen Zeiten gezüchtet wird, kommt sie in wohl 100zähligen Varietäten vor. Jeder einzelne Theil ihres Körpers, Kopf, Hals, Brust, Rücken, Unterleib, ist von zierlicher, eleganter Form; das Auftreten ist stolz und kühn; ihr Flug kräftig und ausdauernd; ihre Fruchtbarkeit bedeutend, da sie 8 — 9mal im Jahre brütet. Die Federn sind mit den buntesten Farben geschmückt, fein nüancirt; auf der Färbung und der Farbenstellung beruht der Unterschied der Varietäten, die man noch immer durch regelrechte Kreuzungen zu vermehren und zu verschönern sucht. Den Schwanz trägt sie weniger aufrecht wie die Florentinertaube.

Diese in Rede stehende Tauben-Race wird in Modena zu einem ganz eigenen Spiele abgerichtet. — Schon im 17. Jahrhundert waren diese Spiele sehr beliebt, und die bezüglichen Taubenzüchter waren unter dem Namen „Triganieri"*) bekannt, wovon diese Taubenart „triganina" benannt wurde. Die Tauben werden abgerichtet ihren Flug nach den vom Züchter vorgenommenen verschiedenen Schwingungen einer großen schwarzen Fahne zu richten. Der Züchter errichtet auf dem Hausdache neben dem Taubenkobel eine kleine Bühne, auf welcher er sich mit seiner Fahne postirt und die Tauben auslässt. Diese mengen sich unter jene Tauben, welche von anderen Parteien ausgelassen werden, und den Schwenkungen der Fahne folgend kehren sie nach einiger Zeit nach Hause zurück und ziehen sehr oft in Mitten ihres Schwarmes eine mehr oder weniger große Anzahl fremder Tauben mit sich, die dann von den betreffenden Eigenthümern entweder einfach ausgetauscht oder ausgelöst werden, und zwar im Betrage von 1 Modeneser Lire, die 38 Centimes entspricht. Dieses Spiel findet nur im Winter statt, und es ist von großem Interesse zu sehen, wie in allen Richtungen der Stadt unzählige Taubenschwärme herumfliegen und genau den Schwingungen der Fahne ihrer Herren folgen.

5) Die Hühnerschecke (Taf. XVII, Fig. 4.)

hat viel Aehnlichkeit mit der Malthesertaube, ist jedoch selten so kugelig wie diese. Der Kopf ist schmal, der wachsfarbene, etwas starke Schnabel von gewöhnlicher Länge, der Hals und die Füße sind etwas kürzer wie bei der Malthesertaube. Sie trägt den Schwanz ebenfalls hoch, jedoch weniger aufgerichtet und zählt dieser zuweilen 14 Federn. Das Bein ist an der innern Fläche öfter mit kurzen Federn besetzt. Die Grundfarbe ist weiß, mit schwarzer, gelber, rothbrauner, meistens hellblauer Abzeichnung von sehr intensiver Färbung.

Durch Ausdauer und glücklichen Zufall ist aus der Florentinertaube die in Oesterreich so beliebte und im hohen Preise stehende schön gezeichnete

*) Τρυγών = turtur, tortora.

6) Ungar'sche oder Händ'ltaube

entstanden, die mit der Maltheserlaube in Körperform viele Aehnlichkeit besitzt, sie aber an Fruchtbarkeit noch übertrifft. Die Färbung des Gefieders ist sehr schön, das Schwarz tiefsammetig und metallglänzend, das Roth und Gelb feurig und satt, das Blau klar. Die Zeichnung ist die sogenannte Bandzeichnung und dieser Taube eigenthümlich. Obgleich im Allgemeinen fest, fällt sie an Kopf, Hals und Brust, namentlich was den Bandstreif betrifft, selten ganz rein aus. Dieser weiße Streif zieht sich von der Schnabelwurzel an strohhalmbreit über die Mitte des Scheitels und, immer breiter werdend, über den Nacken und Hinterhals, bis er sich mit dem weißen Oberrücken verbindet und in ihm aufgeht. Weiß sind ferner der Unterrücken und Unterleib, die großen Schwungfedern und Schenkel. Gefärbt und gegen den weißen Bandstreif scharf abschneidend, sind der Kopf und Hals zu beiden Seiten, bis auf die Brust, gegen den Unterleib gerundet oder oval abgeschnitten, die Flügeldecken, die Schwungfedern beider Ordnung und der ganze Schwanz. Die lichtblau Gezeichneten hat man auch mit schönen weißen Flügelbinden. Je reiner diese Zeichnung ist und jemehr die Ungar'sche Taube im Uebrigen der Maltheseraube nahe kommt, um so werthvoller ist sie. Sie ist eben so munter, dauerhaft, fruchtbar und empfehlenswerth, wie die Hühnertaube. Sie kommt fast nur in Oesterreich-Ungarn vor, steht daselbst aber in hohem Preise.

7) Der Monteneur.

Eine in früheren Jahren ziemlich bekannte, seit längerer Zeit jedoch sehr seltene Taube, die durch ihre riesige Größe mehr einem Huhne, denn einer Taube gleicht. Stark von Brust und Körper, mit ziemlich kurzem Schwanze versehen, zeigt sie sich im Fluge schwerfällig, während sie mit ihren unbefiederten ziemlich hohen Beinen sich leicht auf der Erde bewegt. Der lange Hals ist beim Tauber sehr stark und der Kropf beim Rucksen und Girren ein wenig mehr aufgeblasen, wie bei gewöhnlichen Tauben. An Größe des Körpers übertrifft der Monteneur den Römer und die Montauban-Taube, hat kürzere Flügel und Schwanz wie diese, und erinnert grade dadurch mehr an das Haushuhn wie an die Taube. Die Farbe ist blauschimmlig oder roth mit schwarzen Schnüren. In Norddeutschland wurde diese Taube in früheren Jahren vielfach in Greifswald, Stralsund und Colberg gezüchtet, scheint aber auch dort jetzt ausgestorben zu sein.

Dritte Abtheilung.

Die Krankheiten der Tauben.

Die Krankheiten des Federviehs sind bei der bisher in Deutschland so arg vernachlässigten Geflügelzucht in fast allen Thierheilkunden mit Stillschweigen übergangen, und daher kommt es denn wohl auch, daß die Züchter bei eintretender Krankheit ihres Geflügels zu Hausmitteln mancherlei Art greifen. Die Veranlassung zu den meisten Krankheiten liegt allerdings in den Verhältnissen, unter denen unser Hausgeflügel gehalten wird, denn in Folge der angewendeten künstlichen Mittel, um Tauben oder Hühner zu züchten, entstehen häufig Uebel, die im natürlichen Zustande nicht vorkommen. Es ist hinlänglich bekannt, daß alle Hausthiere einer größeren Zahl Krankheiten unterworfen sind, als die im wilden Zustande lebenden, denn je mehr sich ein Thier von seinem wilden Naturzustande entfernt, desto empfänglicher wird es auch für äußere Einflüsse, durch Witterungs- und ähnliche Umstände veranlaßt, nicht minder aber wird das Futter, das Wasser, verändertes Klima rc. auf sein Befinden einwirken. Wie schon bemerkt, läßt die Thierheilkunde der Wissenschaft noch ein weites Feld zur Forschung offen, und nur die äußeren Symptome bieten einigermaßen einen Anhalt. Die meisten sogenannten Arzneibücher haben den Geflügelzüchtern mehr geschadet als genützt; sie geben zwar zahlreiche und vielfach auch richtige Recepte zur Heilung dieser oder jener Krankheit, aber über den schwierigsten Theil, der Diagnose, d. h. über das richtige und schnelle Erkennen der eingetretenen Krankheit und das jeweilige Stadium derselben, lassen sie im Dunkeln.

Obgleich zwar die Tauben eine Halbfreiheit genießen und man alle Vorsicht anwendet, sie gesund zu erhalten, so werden sie doch von einer ganzen Reihe von Krankheiten heimgesucht, von denen häufig viele mit dem Tode enden. Im Allgemeinen kann man jedoch annehmen, daß Taubenkrankheiten in den gewöhnlichsten Fällen leichter zu verhüten als zu heilen sind. Hält man Tauben in gut geschützten Schlägen, wo für Lüftung, Reinlichkeit, gutes passendes Futter und reines Wasser stets gesorgt ist, so wird man selten über Verluste zu klagen haben und den meisten Krankheiten vorbeugen.

Die bekanntesten Taubenkrankheiten sind folgende:

1) Die gelbe Mundfäule, Rotz, Schnörgel.

Es ist dies eine der am häufigsten vorkommenden und gefährlichsten Krankheiten, die in kurzer Zeit ganze Taubenschläge entvölkert. Auf den Schleimhäuten des Schnabels und des Mundes zeigen sich einzelne gelbe Auswüchse, die sehr schnell wachsen, sich an ihren Rändern berühren, und damit enden, daß sie einen hervorragenden Fleck auf jeder Seite am Vereinigungspunkt des Schnabels bilden. Zu gleicher Zeit fließt beständig ein übelriechender dickflüssiger Eiter, der mit gelben Flocken vermischt ist, aus dem Schnabel und beschmutzt die Kehlfedern. Oeffnet man den Schnabel, so sieht man, daß der ganze Schlund mit diesen Produkten bekleidet ist; sie existiren im Kropfe und mehr oder weniger auch in den Eingeweiden, und sind mitunter so zahlreich, daß sie sich loslösen, in Gestalt von mehr oder minder harten kleinen Kugelgebilden die Eingeweide passiren und mit den Exkrementen abgesondert werden. Es ist leicht begreiflich, daß die Taube den Folgen eines solchen Zustandes nicht lange widersteht, die Verdauung fehlt ganz, das Uebel vermehrt sich mit der zunehmenden Schwäche, und sie muß umkommen. Das charakteristische Symptom der Krankheit, dieses gelbe Gewächs, ist nicht immer sichtbar, es kann sich auch innerlich entwickeln und den Tod der Taube zur Folge haben, und zwar so schnell, daß man nicht Gelegenheit hat, die Erscheinung im Innern des Schnabels zu bemerken.

Die wirkliche Ursache der gelben Mundfäule ist nicht leicht zu erkennen. Ich bin sehr geneigt, sie als das Resultat schlechter Gesundheitsverfassung zu betrachten, besonders von einer schlechten Nahrung herrührend, denn die Krankheit ist selten in gut gehaltenen Schlägen, wo das Salz nie fehlt, und eine gute wechselnde Nahrung mit Maß und Regelmäßigkeit gewährt wird. Wenn die gelblichen Auswüchse sich im Schnabel und im Schlunde zeigen, so muß man sie mit einem kleinen, mit Leinwand bewickelten Holzstiel beseitigen, und über alle wunden Theile mit einem in einer starken Essig- oder Alaun-, oder noch besser Höllensteinlösung getränkten Pinsel hinwegfahren. Für die Theile, welche dem Auge unzugänglich sind, wie der Schlund, muß man eine Flügel- oder Schwanzfeder anwenden, die man in die eine oder die andere Lösung taucht, sie entschlossen in den Schlund hineinschiebt und ihr eine rotirende Bewegung giebt. Indem man dieselbe Operation mehrere Tage hintereinander wiederholt, werden die Auswüchse zu erscheinen aufhören. Unglücklicherweise sitzt in den meisten Fällen das Uebel aber tiefer, und man kann es vermöge dieser Procedur nicht erreichen. Dann ist es gut, den Patienten zu purgiren, sei es, daß man ihm 2 oder 3 Rhabarberpillen giebt, oder daß man einen Theelöffel Englisch Salz in einem Löffel Wasser auflöst, und in das Trinkgefäß gießt; nach 3 oder 4 Stunden haben alle Kranken davon getrunken, und man kann ihnen wieder reines Wasser geben. Diese leichte Purgation wird am andern Tage wieder vorgenommen. Als Nahrung gebe man ihnen die Hälfte der gewöhnlichen Ration einer guten Qualität Wicken und einige Handvoll Rübsen. Wenn ihnen gewöhnliches Salz fehlt, so beeile man sich, es ihnen zu verabreichen, etwas Grünes, frisch und klein gehackt, wie Nesseln, Salat und besonders Sauerampfer, wird die Behandlung vollenden. Befinden sich nur 2 oder 3 Tauben krank, so wird es gut sein, sie aus dem Schlage zu entfernen, und sie abgesondert dieser Behandlung zu unterziehen. Aus Klugheit jedoch treffe man einige Vorsichtsmaßregeln den andern Tauben gegenüber, und forsche nach der Ursache, welche die Krankheit hat entwickeln können.

2) Schlechte Verdauung.

Der Grund dieser Krankheit besteht darin, daß die Taube nach längerer Enthaltung des Futters soviel zu fressen erhält, als sie nur irgend mag. Sie verzehrt dann eine solche Menge Körner, daß der Kropf stark ausgedehnt wird, die Magensäfte zur Verdauung nicht mehr ausreichen, und die Anschwellung der Kropfmuskeln vollständig paralisirt. Die Taube kommt nicht zum Brechen und ist es häufig unmöglich, die Nahrung durch den Druck der Finger nach oben zu bringen. Ein ziemlich einfaches Heilmittel ist folgendes:

Die Taube wird senkrecht, mit den Füßen zuerst, in einen Frauenstrumpf gesteckt, welchen man mit einem Bindfaden locker bindet, so daß sie nur so weit heruntersinken kann, bis der Schwanz aufsteht. Nun läßt man den Kopf ein wenig aus dem Strumpfe herausstehen, bindet letzteren hinter dem Kopfe und Nacken der Taube so zusammen, daß er an dem Hals, ohne zu drücken, anschließt und schiebt das im Kropfe befindliche Futter mit der Hand leise nach der Kehle der Taube in die Höhe, um damit zu bezwecken, den mit Futter überladenen Kropf durch den Strumpf so fest zu halten, daß der Kropf nicht nach dem Brustknochen herunterhängt und sämmtliches im Kropfe befindliche Futter nach und nach bequem in die Speiseröhre geht. Hierauf wird der Strumpf mit Inhalt senkrecht an die Wand an einen Nagel gehangen, das Gesicht der Taube nach vorn. Man muß dem Patienten mehrmals Wasser geben, ihn in vorbezeichnete Stellung aber zurückbringen. In circa 12 — 20 Stunden ist die Heilung bewerkstelligt.

3) Der Ansatz.

Bekanntlich werden die jungen Tauben während der 5 oder 6 ersten Tage nach dem Ausschlüpfen von den Alten mit einer Art gelblichem Brei gefüttert. Schon vor dem Ausschlüpfen aus den Eiern bilden die Schleimdrüsen, welche die innere Seite des Kropfes bekleiden, sich aus, schwellen an und sondern in Ueberfluß diese Flüssigkeit ab. Wenn nun aus irgend einem Grunde die Alten ihre Jungen nicht füttern können, so wird diese Absonderung nicht benutzt und bleibt im Kropfe zurück; sie häuft sich an, verdichtet und verhärtet sich bis zu dem Punkte, daß man sie durch Berühren fühlen kann. Es ist leicht begreiflich, daß dieses fremde Produkt die Verdauung des Futters erschwert und die Absonderung der Magensäfte verhindert. Man kann diesen Zustand mit dem Ausdrucke „verschlagene Milch" bezeichnen. Die Taube bleibt unbeweglich, die Kehle ist geschwollen, sie frißt nicht mehr, die Federn sträuben sich und das Thier kommt endlich um. Im Verlaufe der Krankheit entwickelt sich über den ganzen Körper ein Ausschlag, theils äußerlich, theils innerlich, der unmittelbar den Untergang der Taube herbeiführt.

In den meisten Fällen kann der erkrankten Taube nur durch eine Operation Hülfe geschafft werden. Diese besteht darin, daß man die obere und die Schleimhaut des Kropfes spaltet, und zwar an einem Punkte näher dem obern als dem untern Theile; dann drückt man so vorsichtig als möglich die verhärtete Absonderung heraus, und näht die Oeffnung mit einer feinen Nadel und einem Seidenfaden wieder zu, doch muß man beim Nähen von Innen nach Außen, also von der Schleimhaut zur Haut stechen, vermöge welcher Vorsicht die Heilung schneller von Statten geht. Federn dürfen sich nicht zwischen den Rändern der Wunde befinden, da dies die Vernarbung erschwert. Der Grund, warum der, mittelst einer scharfen Scheere zu vollführende Schnitt am obern Kropfe geschehe, ist einfach der, zu verhindern, daß Wasser beim Saufen über die Wunde fließt oder gar wieder durch die feinen Oeffnungen der Naht zu Tage tritt. Während der ersten 24 Stunden gebe man keine Nahrung, sondern nur frisches Wasser und etwas Grünes, nach dieser Zeit aber leicht verdauliches Futter.

4) Der Durchfall.

Es ist dies eine ziemlich häufig bei jungen Tauben vorkommende Krankheit, hervorgerufen durch allzureichliche, ungesunde Nahrung oder durch eine Magenerkältung bei naßkalter Witterung, wodurch eine Erschlaffung der Gefäße entsteht. Der Durchfall ist leicht erkennbar an dem häufigen Abgange flüssiger Excremente und den besudelten und gleichsam zusammengeleimten Federn am After. Man beobachte den Durchfall erst einige Tage, um zu sehen, wie er sich gestaltet, ob er von einem Verdauungsfehler herrührt, bei dem man nicht sogleich stopfende Mittel anzuwenden nöthig hat, oder ob er eine wirkliche andauernde Krankheit ist, was sich schon beim Abgange der Excremente zeigt, die wie schon bemerkt, sehr klebrig sind und die Afterfedern so zusammenballen, daß der volle Abgang nicht gehörig geschehen kann. Ist dies der Fall, wobei sich bei der Schärfe der Excremente der After leicht entzündet, so müssen die Federn um den After herum abgeschnitten, und die stehen gebliebenen öfter mit warmem Wasser abgewaschen werden, damit der Abgang des flüssigen Kothes frei leicht, was die Behandlung sehr erleichtert; auch das Bestreichen des Afters mit Leinöl trägt viel dazu bei. In das Trinkwasser lege man eiserne Nägel oder etwas Hammerschlag, oder gebe einen Absud von Eichenrinde. Mit dem gewohnten Futter halte man beim Beginn der Krankheit feiert inne und gebe kleine Gerste, oder Reis, mit Kalmus oder Kümmel vermischt. Ein Klystier von Leinöl, welches man mit einem Abguß von Kalmus, gestoßenem Kümmel und Tormentillwurzel vermischt, wird die Kur vollenden. Feldtauben werden häufig im Monat August vom Durchfall befallen, da das neue Korn, welches die Tauben bei der Ernte finden, fast immer die Krankheit herbeiführt, sie hört aber genau mit dem Gewohntwerden dieser Nahrung wieder auf und ist nicht weiter gefährlich.

5) Die Verstopfung.

Verstopfung entsteht von dem Genusse einer zu großen Menge trockener und erhitzender Nahrungsmittel, oder vom Mangel an Bewegung, von schlechtem, lauligem Getränke und aus Schwächung des Magens. Die Zeichen der Krankheit sind, wie bei allen ähnlichen, Traurigkeit, Sträuben der Federn und Mangel an Freßlust; allein das charakteristische Merkmal ist der fortwährende Drang zum Misten, ohne Abgang desselben. Die Heilung geschieht, indem man dem Patienten Kleie mit gestoßenen Fennchblättern, Butter und Weißbrod zu kleinen Kügelchen geformt, eingiebt, und den After und Unterleib mit erwärmtem Baumöl oder Fett, in das man etwas Muskatnuß gerieben hat, einschmiert; auch sorge man täglich für frisches Wasser und genügende Bewegung. Sand und gebrannter, salziger Lehm darf dabei niemals im Schlage fehlen.

6) Innere Würmer.

Die Parasiten in den Eingeweiden haben eine Länge von ungefähr 4 Centim. und ½ Millim. Dicke, eine cylindrische Form, an beiden Enden in eine Spitze auslaufend und sind, von bleiartiger Farbe, zu einem Knäul von mehr oder weniger Dicke vereinigt und sitzen nahe am Anfang des Afters. Sie zu vertilgen ist keine so leichte Aufgabe, doch sind sie eben nicht weiter gefährlich. Daß eine Taube an Würmern leidet, giebt sich dadurch zu erkennen, daß die Augen trübe, wässerig und blaß sind, und der abgehende Koth übel riecht. Mitunter trügen diese Erscheinungen und können ebensowohl auch andere Ursachen zum Grunde haben. Das einzig sichere Zeichen von dem übermäßigen Dasein der Würmer besteht in ihrem Abgange. Ihre Ursache ist meist eine krankhaft veränderte Schleimabsonderung oder eine Verdauungsschwäche. Sieht man mit dem Kothe Würmer abgehen, so gebe man homöopathisch mehrere Gaben Cina (Zittwersamen), welches ein Hauptmittel gegen Würmer und alle damit verbundenen Beschwerden ist, außerdem wöchentlich 2 Mal Sulphur (Schwefel). Beim Eingeben von flüssigen Medikamenten beachte man im Allgemeinen folgendes Verfahren. Man hält den Patienten mit dem linken Ellenbogen auf dem Schooße fest, so daß man mit dem Daumen und Zeigefinger den Schnabel öffnen kann, reckt den Hals des Thieres aus und hält den Kopf desselben in die Höhe. In dieser Lage gießt man dann mittelst eines in der rechten Hand zu haltenden Theelöffels die einzugebende Arznei langsam in den Schlund und sorgt für das Verschlucken derselben Seitens des Patienten. Es ist dabei aber nicht einmal immer unbedingt nöthig, daß das Thier die Flüssigkeit verschluckt, indem häufig schon die Arznei durch die Berührung der Schleimhäute wirkt, ja selbst ihr Dunst wirkt schon in vielen Fällen auf die Nerven des Thieres ein, und stimmt die Lebenskraft auf die mildeste und doch kräftigste Weise heilsam um.

7) Der Husten.

Der Husten ist entweder ein Anzeichen eines momentanen angegriffenen Zustandes oder aber das Symptom einer ernsten Krankheit. Im ersten Falle gleicht der Husten einem wiederholten Niesen und erfolgt, wenn die Taube Rauch oder beißende Luft eingeathmet hat, oder er entsteht durch begieriges Fressen von vorgeworfenem, staubigem, unreinem Futter, wenn z. B. ein fremder Körper in die Stimmritze gedrungen ist, oder ein Weizenbart sich in die hintere Oeffnung der Nasengruben festgesetzt hat; auch eine Unreinlichkeit des Magens und der Gedärme kann ihn herbeiführen. Wenn eine Taube anfängt zu husten, muß man die Nasenlöcher untersuchen, sowohl außerhalb als innerhalb des Schnabels. Das beste Mittel ist das Eingeben von Butter; hat der Husten schon einige Tage angehalten, so gebe man Honig in das Trinkwasser gemischt. Ist der Husten jedoch das Symptom einer ernsten Krankheit, so dauert er viel länger und ist von ganz andern Zeichen begleitet, wie von Röcheln und Zuckungen, die Taube kann den Flug nicht lange aushalten und wenn sie in den Schlag zurückkehrt, ist sie, wie man zu sagen pflegt, außer Athem. Man kennt übrigens auch die Krankheit nicht, die diese Art Husten hervorruft, und ist die Heilung dann eine sehr schwere.

8) Das Röcheln.

Röchelt eine Taube, so hört man bei jedem Athemzuge ein eigenthümliches inneres Geräusch, hervorgerufen beim Durchgang der Luft durch den angehäuften Schleim in der Stimmritze oder in der Luftröhre. Zu der Zeit, wo die Taube röchelt, fühlt sie sich beklommen, d. h. die Athmung ist beschleunigt, und damit der Luftdurchgang leichter geschehe, öffnet sie gewöhnlich den Schnabel. Man könnte vermuthen, in diesem Röcheln die Anzeichen eines katarrhalischen Zustandes der Athmungswerkzeuge zu sehen, oder vielmehr es als die Folge eines solchen halten, denn er ist nicht selten chronisch, und nur im günstigsten Falle wird die Taube vollständig davon geheilt. Man gebe dem Patienten leicht reizende Getränke, als Lindenblüthen-, Ehrenpreis- oder Ysop-Thee und von Zeit zu Zeit 2 — 3 Rhabarberpillen in der früher beschriebenen Weise.

9) Das Asthma.

Das Asthma, dessen Vorhandensein man an kurzem und abgebrochenem Athemholen erkennt, ist gewöhnlich nicht beständig, denn wenn sich die Taube in Ruhe befindet, so erscheint das Athmen normal, wenn sie aber erschreckt ist, oder wenn sie geflogen hat, was sie in dem leidenden Zustande gewöhnlich nicht gern thut, so erscheint die Krankheit mit einer mehr oder minder großen Heftigkeit. Man glaubt, daß sie am häufigsten durch großen Schreck hervorgerufen wird. Das Erscheinen einer Katze in dem Schlage oder die Verfolgung durch den Habicht können die Taube asthmatisch machen; es kann aber auch die Folge von Erschöpfung sein, wie eine solche häufig entsteht, wenn das Thier eine Anzahl junger Tauben aufgezogen hat. Wenn eine Taube eben ihre Jungen gefüttert hat, und diese schon eine ziemliche Größe erreicht haben, so bemerkt man, daß sie ermattet ist, indem sie sich von ihnen entfernt um Athem zu schöpfen, woraus unzweifelhaft hervorgeht, daß das Wiederaufwürgen des Futters nicht ohne bedeutende Anstrengung geschieht. Außer der Muskelerschlaffung, welche gleich darauf erfolgt, üben diese Anstrengungen ihre Wirkung besonders auf die Lungen, und ist es leicht begreiflich, daß solche zu häufig wiederholte Function dahin führt, das Asthma zu entwickeln. Als unmittelbare Folgerung dieser öfter gemachten Beobachtung haben viele Liebhaber werthvoller Tauben, denen an ihre Erhaltung gelegen ist, die Gewohnheit, nie mehr als ein Junges aus jeder Brut füttern zu lassen. Ich möchte sogar rathen, auch dieses Junge zu entfernen, sobald es das Nest verläßt, und anfängt, für sich selbst zu sorgen, da die Täubin dann gewöhnlich wieder zur Brut schreitet, und der Täuber allein mit den Nahrungssorgen für die Jungen belastet ist, was ihn zu sehr abmattet.

Was nun die Behandlung des Asthma anlangt, so suche man zuerst zu erforschen, durch welche Ursache es hervorgerufen ist. Ist die Krankheit aus Erschöpfung entstanden, so entziehe man alle erhitzende Nahrung und versuche dem Patienten Bisquit in Milch eingetaucht beizubringen, gebe von Zeit zu Zeit etwas Grünes, und füttere mit guter gesunder Nahrung; hat die Taube später Junge, so lasse man ihr nur eins, das man nach 10 oder 12 Tagen, wenn man die Entstehung des Anfalles nicht mehr zu befürchten braucht, einem andern Paare unterlegen kann.

Das Asthma, welches durch einen Schreck hervorgerufen wird, und dasjenige, welches aus Altersschwäche entsteht, müssen den Anstrengungen der Natur überlassen bleiben; ersteres kann mit der Zeit verschwinden, letzteres ist unheilbar.

10) Die Canariensucht.

Diese Krankheit zeichnet sich durch das Anschwellen und Hervortreten des Unterleibs aus, und das Berühren läßt eine harte Beule von der Größe eines Eies erkennen. Man hat die Krankheit besonders bei den Weibchen bemerkt, und so bald sie davon betroffen werden, hören sie auf zu legen. Noch viel häufiger zeigt sie sich jedoch bei den im Nest befindlichen Jungen und entwickelt sich bei ihnen mit deutlich sichtbaren Merkmalen. Der Bauch ist angeschwollen und von Federn entblößt, die Haut heiß und glänzend, die Adern sind widernatürlich angeschwellt, mit Blut überfüllt, die aufgeschwollenen Eingeweide verdrängen fast die Lungen. Das Athmen ist schwierig und abgebrochen, die vorhergegangene Diarrhoe verschwindet, die trockenen Excremente kleben in der Umgegend des Afters und verschließen seine Oeffnung; die Taube muß umkommen, da eine Rettung bei jungen Tauben schwerlich gelingen dürfte. Es ist bekannt, daß ein von der Canariensucht befallenes Weibchen nicht legen kann, da die Eingeweide des Unterleibs angeschwollen und entzündet sind, einen Druck auf den Eierkanal ausüben und so den Durchgang des Eies nicht erlauben. In diesem Falle muß man der Natur zur Hilfe kommen. Man bestreiche zu dem Zweck die Theile, welche das Ei passiren muß, mit erwärmtem Olivenöl, und drücke dann leicht und vorsichtig das Ei von hinten nach vorn. Ist die Schale gut consistent, so geht das Ei mit Leichtigkeit heraus, ist sie zu schwach und zerbricht im Eierkanal, so ist die Operation fehlgeschlagen, und der Mißerfolg hat den Tod der Taube zur Folge. Ist die Operation jedoch geglückt, so darf man die Taube vor der Hand keinem neuen Eierlegen aussetzen, und dürfte es gerathen sein, sie vom Täuber zu trennen, worauf man das Paar erst dann wieder zusammen läßt, wenn sich die Anschwellung des Unterleibs unter vernünftiger Pflege zertheilt hat; gute reife Wicken, Erbsen, zeitweise Grünes, frisches Waßer, und von Zeit zu Zeit einige leichte Laxire mittelst einiger Glaubersalz-Krystalle müssen die dazu verhelfenden Bestandtheile sein.

11) Steifer Hals.

Während dieser Krankheit, welche sich hauptsächlich bei jungen Tauben kurze Zeit nach dem Verlassen des Nestes zeigt, dreht sich der Hals unaufhörlich ruckweise unter convulsivischer Bewegung nach rechts und links. Dieser Zustand nimmt sehr schnell zu, so daß die Taube den Kopf manchmal soweit nach hinten dreht, als dies überhaupt nur möglich ist, wobei sich sehr starke epileptische Krämpfe einstellen, in welchen die Taube bald verendet. Alle diese verschiedenen Erscheinungen, und der ganze Gang der Krankheit zeigen eine tiefe Hirnverletzung; die Schwäche der Augen, welche sie oft begleitet, kann zwar nicht als Ursache, wohl aber als Folge, als ein Symptom der Gehirnverletzung betrachtet werden. Eine Heilung dieser Krankheit ist nicht möglich, weshalb es gerathen erscheint, sich der davon befallenen Tauben baldigst zu entledigen.

12) Warzen.

Diese Hautgebilde zeigen sich auf den nackten Theilen an den Rändern des Schnabels, auf den Nasen- und den Augenhäuten und an den Füßen. Sie entwickeln sich mitunter so stark, daß sie das Gesicht verdecken und die Taube am Fressen hindern. Die von der gelben Mundfäule befallenen Theile scheinen mehr disponirt diese Entzündungen der Haut hervorzurufen, als andere. Die Warzen vermehren sich und wachsen mit einer großen Geschwindigkeit, deshalb muß man nicht säumen, die Taube davon zu befreien. Die Operation ist sehr einfach, es genügt, die Warze zu unterbinden und auszureißen; man muß dabei jedoch mit Vorsicht zu Werke gehen, wenn sie sich auf den Augenlidhäuten befinden. Nach dem Ausreißen beize man mittelst eines Pinsels die Wunde mit Höllenstein, oder noch besser mit einer starken Lösung von Schwefelkupfer.

13) Die Pocken oder Blattern.

Es ist dies eine mit starkem Fieber verbundene Ausschlagskrankheit, die sich in perlenartigen Pusteln (Blattern), die mit einer entzündlichen Röthe umgeben sind, kennzeichnet. In den Pusteln entwickelt sich ein ansteckender Stoff, so daß oft ein ganzer Flug Tauben von diesem Uebel heimgesucht wird, und dann nicht selten große Verheerung anrichtet. Bei alten Tauben treten die Pusteln zuweilen schon am Ursprunge des Schnabels hervor; bei den jungen dagegen zeigen sie sich besonders an den Ohren und unter den Flügeln. Ungünstige Witterungsverhältnisse dürften das Leiden am häufigsten hervorrufen; ferner liegt der Grund in der Ansteckungsfähigkeit desselben, und geschieht die Fortpflanzung am leichtesten durch unmittelbares Berühren eines pockenkranken Exemplares, wodurch sehr leicht etwas von der Pockenfeuchtigkeit an die Haut der gesunden Taube kommt. Aber auch durch die bloße Ausdünstung kranker Thiere kann die Seuche verbreitet werden, so daß, wie schon erwähnt, oft ein ganzer Flug Tauben von derselben befallen ist. Auch das Fressen von frischem, erst eingeernteten Getreide, ferner wurmiges Korn, junge Erbsen, ölige Sämereien, z. B. Lein, Hederich u. s. w., sowie Läuse, die gerne wunde, feuchte Stellen aufsuchen und sie aufreizen, können die Krankheit entwickeln. Man sondert die kranken Thiere von den gesunden sofort ab, damit diese nicht auch angesteckt werden, und bestreiche die Pocken mit frischer ungesalzener Butter, oder mit frischer Sahne, Provenceröl oder dergleichen milden Mitteln. Verdünnte Myrrhentinktur, welche trocknet und heilt, soll gute Dienste leisten. Man suche ferner das Geblüt zu reinigen, indem man eisenhaltiges Wasser, etwas Doppelsalz, oder Spießglanz dazugethan, zum Saufen giebt. Blatterkranke Tauben sind übrigens für die Küche unbrauchbar.

14) Der Schlagfluß.

Mitunter kommt es vor, daß eine ganz gesunde Taube plötzlich wie vernichtet erscheint, die Flügel hängen halb geöffnet herab, die Füße können sie nicht tragen, sie taumelt und fällt von einer Seite zur anderen; der Kopf neigt sich und oft fließt Speichel mit Blut untermischt aus dem Schnabel; der Tod erfolgt darauf einen Augenblick früher oder später. Einen solchen Zustand nennt man Schlagfluß. Die Ursache desselben ist schwer festzustellen, da es sowohl Gehirn- wie Lungenschlag sein kann. Sobald man einen derartigen Zustand wahrnimmt, beeile man sich der Taube sofort an jedem Fuße einen Nagel ziemlich nahe an der Wurzel abzuschneiden, damit Blutverlust eintritt. Um das Athmen zu erleichtern, stecke man die Füße in lauwarmes Wasser. Bleibt die Taube am Leben, so halte man sie diät und gebe ihr nur frisches Wasser.

15) Die Gicht.

Daß diese gefährliche Krankheit ansteckend ist, wird allgemein zugegeben, da die Heftigkeit, mit welcher sie sich zeigt, und die Verwüstungen, welche sie anrichtet, diese Annahme vollkommen bestätigen. Die Gicht tritt ganz plötzlich auf, und haftet sich in der Regel an einen Fuß der Taube und macht sie hinkend, oder an einen Flügel, und macht ihn zu jeder Bewegung unfähig, so daß sich das Thier kaum zu ½ Meter Höhe erheben kann. Forscht man nach dem Sitz des Uebels, so findet man einen Punkt, wo die Hitze stärker, die Röthe lebhafter ist und die Arterien heftiger schlagen; in kurzer Zeit folgt Verstopfung und es entsteht eine harte Beule, die sich bald zur Größe eines Taubeneies entwickelt. Oeffnet man dieselbe, so findet man darin eine gelbe durchsichtige Flüssigkeit, die den angrenzenden Knochen und die Sehnen umgiebt und die sich in die nahe liegenden Theile ergießt. Später verdickt sich diese Feuchtigkeit und wird undurchsichtig, sie scheint am Knochen festzusitzen und läßt sich nur mit Schwierigkeit entfernen. Die Beule hat gewöhnlich ihren Sitz an den Gliedern oder wenigstens an dem äußersten Gliede der langen Knochen; man findet sie häufiger am Flügel als am Fuß und sie ist am ersteren umfangreicher als am letztern, ja häufig nimmt sie solche Größe an, daß der Flügel ganz an der Erde schleppt.

Bleibt die Krankheit sich selbst überlassen, so kann sie auch ohne weiteres Zuthun heilen, der Flügel erlangt nach und nach seine Bewegung wieder; hat das Uebel seinen Sitz am Fuße, so bleibt die Taube oft hinkend. Häufig kommt es jedoch vor, daß die Krankheit solche Fortschritte macht, daß die Taube nur kurze Zeit kränkelt und ihr dann unterliegt. Man hat eine Menge Mittel zur Heilung der Gicht vorgeschlagen und nichts unversucht gelassen, man hat Blutegel an die Beule gesetzt, man hat ein Haarseil durchgezogen, man hat sie geschnitten und gebeizt, jedoch vergeblich. Es ist sehr wahrscheinlich, daß, wenn das Uebel eine gewisse Höhe erreicht hat, es unmöglich ist, es zu heilen. Sobald sich das erste Symptom der Krankheit zeigt, muß man sich beeilen, helfend einzuschreiten. Mehrere Liebhaber versichern, das Uebel durch tägliche Waschungen mit Kampfer-Spiritus, durch Eau de Cologne, oder durch Ammoniak-Wasser beseitigt zu haben, und es ist auch mir gelungen, vermöge letzterer Waschung und purgirender Pillen, eine erkrankte Taube zu heilen.

16) Knochenbrüche.

Knochenbrüche kommen sehr häufig vor und sind die Folge eines erhaltenen Wurfes, Schlages, Stoßes u. s. w. Der gebrochene Knochen muß zuförderst in seine natürliche Lage gebracht werden, dann wird die Bruchstelle mit Leinwandstreifen umwickelt, ein Paar rinnenförmige Schienen darüber gelegt und der Bandage öfter mit Symphytum-Wasser befeuchtet. Nach etwa acht Tagen wird der richtigen Knochenlage wegen nachgesehen, dann der Verband auf gleiche Weise wieder angelegt und mit dem angegebenen Mittel befeuchtet. Bis zur völligen Herstellung des Thieres muß dieses Verfahren noch einige Male wiederholt werden. Daß dabei der Patient von den übrigen, gesunden Tauben abgesondert werden muß, ist selbstverständlich, sowie überhaupt das ganze Verfahren die größte Vorsicht und Sorgfalt von Seiten des Besitzers erfordert.

17) Wunden und Blessuren.

Wunden und Verletzungen, welche den Tauben durch Raubvögel u. s. w. zugefügt werden, heilt man am besten, indem man sie mit kaltem Wasser gehörig auswäscht, die Federn wegnimmt, welche leicht an dem entblößten Knochen kleben bleiben, und die Ränder der Haut durch einige Nadelstiche wieder vereinigt. Die Naht bestreiche man mehrmals behutsam mit ungesalzener Butter, ist die Wunde jedoch sehr groß, so bepinsele man sie mit Terpentinöl. Sollten die Schmerzen die Freßlust vermindern, so reiche man weiches Futter, und gönne dem Patienten Ruhe; die Natur wird das Uebrige thun und die Taube nach kurzer Zeit wieder hergestellt sein.

Schluß.

Die Mauser.

Die Mauser ist eine periodische Function, deren normale, regelmäßige Entwickelung und Vollendung zur ersten Bedingung einen vollständigen Gesundheitszustand erheischt. Während der Mauser verliert die Taube alle Lebendigkeit, ist traurig, sucht Absonderung und Ruhe, und, wenn sie darin gestört oder von andern Tauben gereizt wird, wird sie leicht zornig und schlägt mit den Flügeln um sich. Diese Art Apathie erinnert an die Trägheit, welche eine ordentliche Verdauung verursacht, mit dem Unterschiede, daß sie von längerer Dauer ist.

Im Allgemeinen mausert die Taube nur einmal im Jahre und ist die Mauser nur dann eine vollständige, wenn sich alle Federn erneuern; jedoch kommt sie in mehreren Abstufungen vor und ist sehr verschieden. So macht z. B. die junge Taube, welche Ende Februar oder Anfangs März flügge wird, nur eine theilweise Mauser durch, da nur die Hals- und Kopffedern vom April an ausfallen und durch andere, lebhafter gefärbte Federn ersetzt werden; dasselbe gilt auch von den Tauben, welche im Laufe des August bis October geboren werden, da sie die großen Flügel- und Schwanzfedern nicht wechseln, die sich noch im September des auf die Geburt folgenden Jahres wieder erkennen lassen.

Fast könnte man sagen, die Taube mausert während der Hälfte des Jahres, da sie schon im Monat Mai die erste Feder verliert. Die Mauser fängt mit den großen Flügel- oder Schwanzfedern an, und zwar mit der zehnten, wenn man von außen nach innen zählt, d. h. von dem äußersten Theil des Flügels bis zu dem Punkte, wo er sich abzweigt. Ungefähr einen Monat später folgt die vorhergehende Feder, also die neunte. Zu dieser Zeit ist die zehnte fast wieder bis zu ihrer ursprünglichen Größe gediehen, ebenso ist die neunte bis zur Hälfte ihrer Länge gewachsen, sobald die achte Feder fällt. Die übrigen Federn folgen der Reihe nach im Zeitraum von 8 bis 14 Tagen. Wenn der Flügel noch vier oder fünf alte Schwangfedern besitzt, so scheint die Mauser rascher vorwärts zu gehen und zwar mit einer um so viel größeren Schnelligkeit, je kleiner die Federn sind, auf welche sie sich erstreckt. Die Federn, welche am Achselbein sitzen, die der Schultern und die obern Flügelfedern fallen bald darauf, und die Deckfedern der Flügel folgen in geringen Intervallen. Die Mauser wird dann allgemein. Der Kopf wird fast ganz der Federn beraubt, nicht, daß er etwa nackt erschiene, sondern er ist mit ganz kleinen liegenden Stämmen bedeckt, aus den Kielen bestehend, welche die auf sich selbst aufgerollten Federn enthalten. Die Mauser erstreckt sich nun nach und nach auf den Hals und die Brust. Die Erneuerung des Schwanzes geschieht ebenfalls in einer sehr regelmäßigen Art und Weise. Er besteht aus zwölf Federn, sechs an jeder Seite und alle symmetrisch. Die Erste, welche ausfällt, ist die fünfte, wenn man von außen nach innen zählt, und sie wächst bis zu $^3/_4$ ihrer Länge, bis die sechste, die Mittelfeder, sich loslöst. Diese zeigt sich schon, wenn die vierte und dann die dritte der Reihe nach fallen. Die letzte Feder, die ausfällt, ist die zweite. Der Schwanz, wie die Flügel, sind zum Fluge gleich wichtige Organe, daher ist die Taube durch den nach und nach eintretenden Ausfall der Federn nie einen Augenblick des Gebrauchs, den sie damit macht, beraubt. Untersucht man den Schwanz der Taube Ende September, so findet man gewöhnlich Folgendes: die mittlere Steuerfeder ist zu $^4/_5$ ihrer Länge erneuert, diejenige, welche ihr nach außen zu folgt, die fünfte, ist vollständig gewachsen, die vierte bis zur Hälfte, die dritte bis zu einem Drittel, die zweite ist noch die alte; dagegen beginnen die ersten kleinen Deckfedern sich zu entfalten. Die Erneuerung der Federn wechselt im Allgemeinen nicht die Farbe des Gefieders. Es ist überflüssig, bei dieser Gelegenheit daran zu erinnern, daß die ersten Federn, die sogenannten Nestfedern, keinen Glanz besitzen, und die in der ersten Mauser durch längere und größere Federn, die viel lebhafter gefärbt sind, ersetzt werden. Dieser gewöhnlichen normalen Veränderung gegenüber muß man jedoch der eigenthümlichen Erscheinung erwähnen, die man bei einigen Tauben von gelber oder brauner Farbe findet, und die in Folge der ersten Mauser ein weißes, oder weißgeflecktes Gefieder annehmen. Theilweise Farbenveränderungen bemerkt man auch noch bei einigen Täubern von heller Farbe, sei sie grau oder röthlich, und bei denen mit schwarzen Streifen. Nach jeder Mauser gewinnen diese dunklen Streifen an Größe, an Länge und Breite, so daß nach fünf oder sechs aufeinanderfolgenden Mausern diese Tauben schwarz gefleckt erscheinen; noch später nehmen ganze Federn diese Farbe an, und es erscheint wahrscheinlich, daß sie in einem noch vorgeschritteneren Alter vorherrichend wird. Diese schwarzen Striche sind übrigens ein gutes Geschlechtszeichen.

sie erscheinen, sobald die Federn sich zu entwickeln beginnen, so daß es möglich ist, hierdurch mit Gewißheit das Geschlecht der Tauben vor dem Verlassen des Nestes zu bestimmen.

Verschiedene Ursachen können die Mauser der Taube aufhalten, doch geschieht dies immer zu ihrem Schaden, und da diese Ursachen meist durch den Besitzer selbst hervorgerufen werden, so muß er sie sorgfältig zu verhindern trachten. Schlecht genährte Tauben haben nur eine mangelhafte Mauser. Wenn die Taube Junge erbrütet, sobald ihre Mauser begonnen hat, wird diese sofort unterbrochen, und nimmt erst ihren Fortgang nach der Zeit, wenn sich die Jungen selbst ernähren. Diese Unterbrechung kann ziemlich lange dauern, denn eine Taube mit verspäteter Mauser erneuert ihr Gefieder nicht vollständig, wenn die Kälte eintritt. Im Frühjahr ist es wahrscheinlich, daß sie die Mauser, welche sie nicht hat vollenden können, wieder aufnimmt, oder dann kann die zehnte und neunte Schwungfeder gleichzeitig fallen, so daß dann die Taube an zwei verschiedenen Punkten der beiden Flügel mausert und zum Fliegen wenig geeignet ist. Dieselbe Unregelmäßigkeit der doppelten Mauser bemerkt man häufig bei zu spät im August oder September geborenen Tauben; ebenso wird die Mauser unterbrochen, wenn die Taube während dieser Zeit Hunger leidet.

Man bemerkt zuweilen, daß zur Zeit der Mauser die Taube krank wird, sie fliegt schwer, und wenn sie ihren Standort erreichen will, so sucht sie nach einem Mittel, ihn ohne Anstrengung zu erlangen. Die Ursache dieser Erscheinung ist eine durch irgend welchen Umstand verzögerte Mauser, und muß der Liebhaber sie sorgfältig beobachten, um den Grund dieser verspäteten Mauser zu entdecken. Das sicherste Mittel, sofort die Mauser hervorzurufen, besteht einfach darin, daß man die Taube in einen Verschlag sperrt, dessen Boden mit leicht angefeuchtetem Hanfsamen bedeckt ist; nach einigen Tagen schon ist man sicher, daß die Mauser begonnen hat, und kann man dann die Taube in ihren alten Schlag zurückbringen, worauf sich die vollständige Mauser ohne weitere Schwierigkeit vollzieht. Während der ganzen Dauer der Mauser gebe man den Tauben eine wechselnde, reichliche und kräftige Nahrung, viel Kalk von alten Wänden, gebrannten Lehm und salzige Bestandtheile, sowie täglich mehrere Male frisches Wasser und sorge für beständige Reinlichkeit im Schlage.

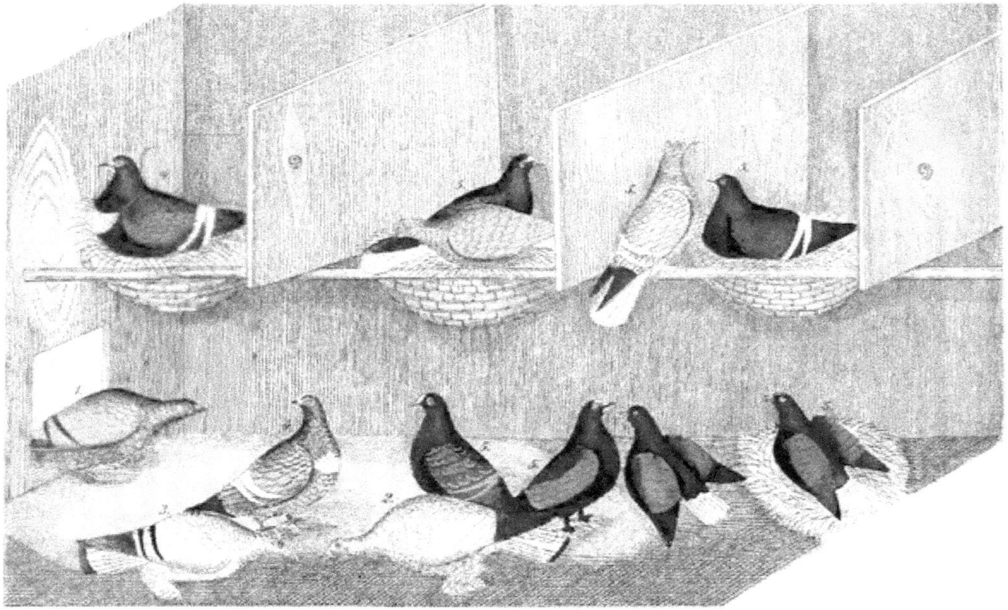

1. Die gemeine Feld Taube. 2. Die Hohl Taube. 3. Die Eis_Taube. 4. Die Staarhalsige Taube. 5. Das sogenante Weiss blässchen.

Die Pfaffen_Taube.

1. Die Mäusser-Taube 2. Die Mönch-Taube.

1 Die Lock-Taube 2 Die Brust T. 3 Die Bart T. 4 Die Bläß-T. 5 Der [illegible] Schwingen-Taube.

[illegible]

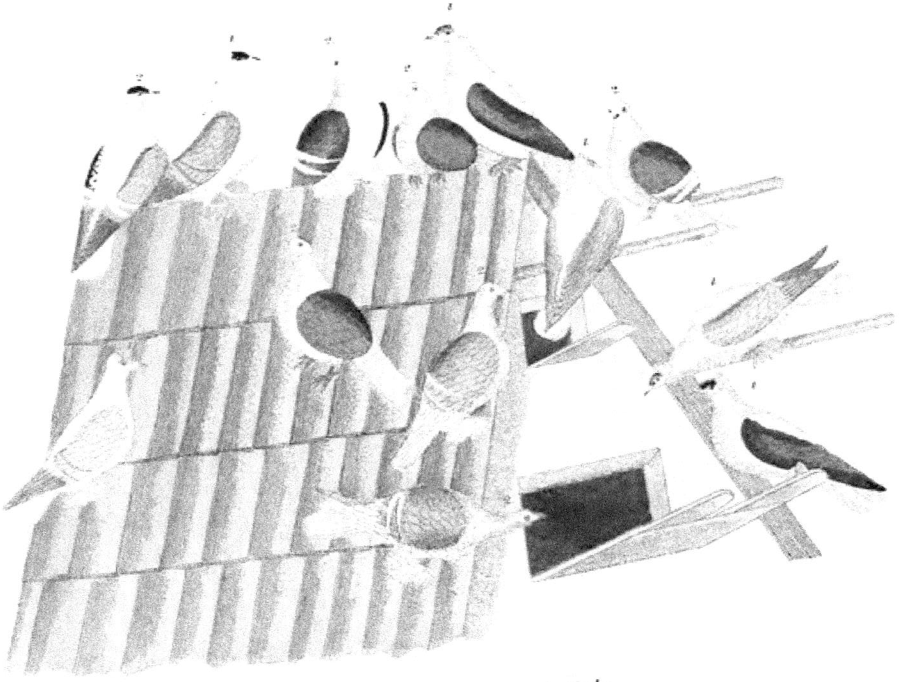

1. Die Schwalben Taube 2. Die Schild Taube

Moven-Taube.

Tümmler oder Burzel Tauben.

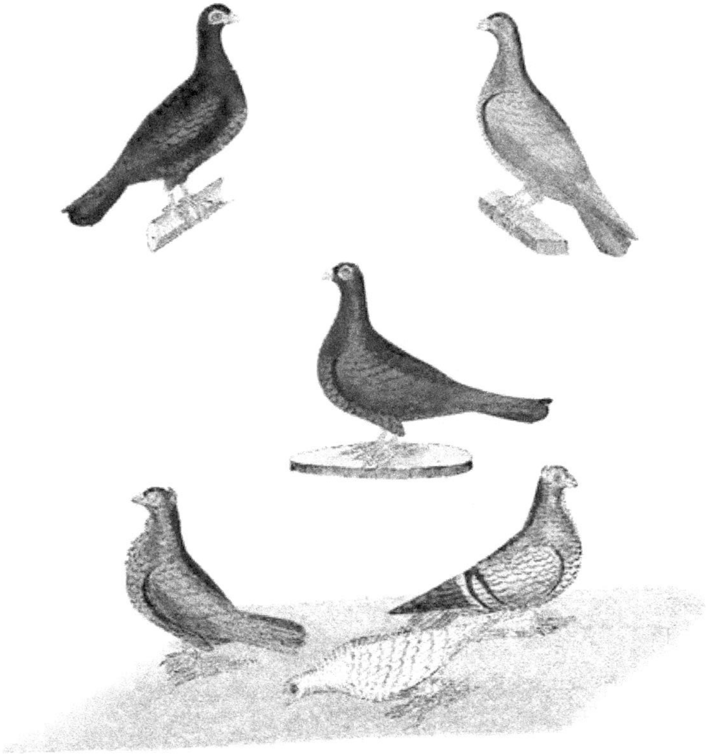

Indianische Taube, od. die Indische Taube.

1. Die Zopf- od. Perücken-Taube. 2. Der Pfauen- od. Hühnerschwanz.

1. Trommel-Taube. 2. Bastard-Trommel-Taube.

Nach der Nat. gez. v. G. Neumeister

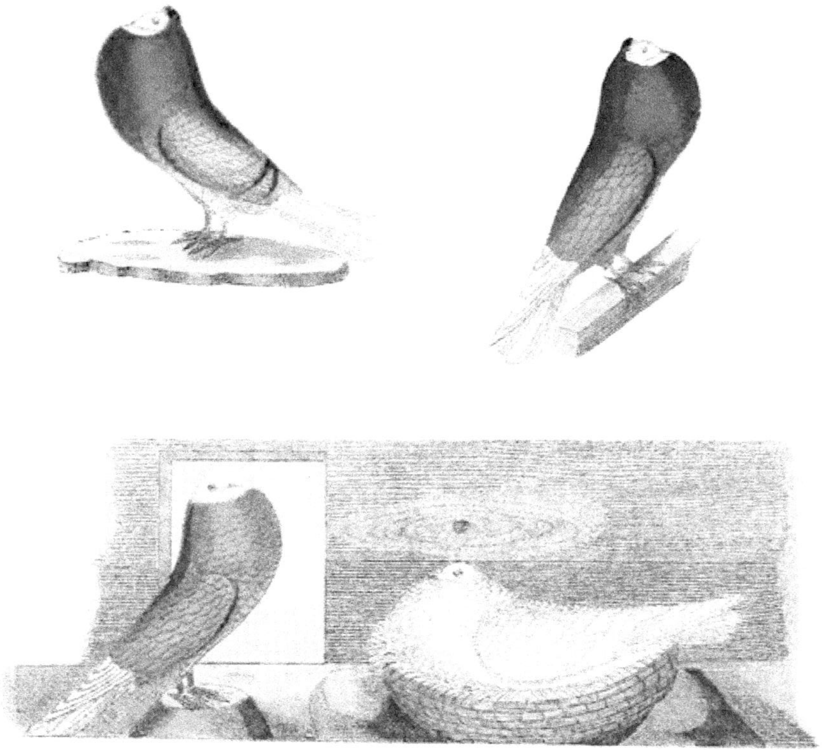

Die gemeine Kropf_Taube.

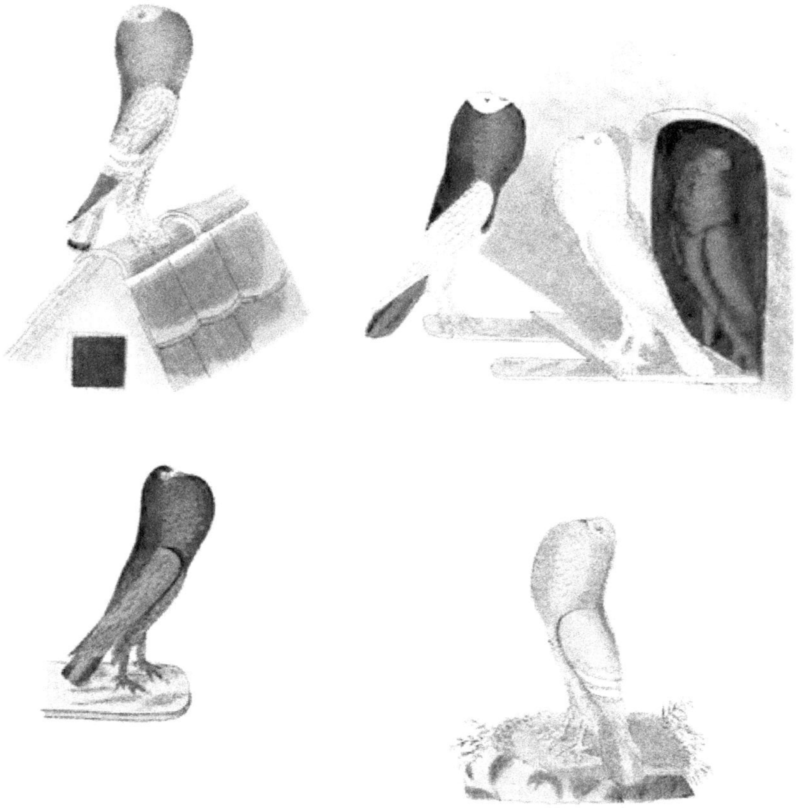

Holländische Kropf' Tauben.

1 Brünner Kropftaube, 2 Prager Kropftaube, 3 Plötscher Kropftaube, 4 Englische Kropftaube, 5 Spanische Taube
6 Einschuppige Trommeltaube, 7 Brieftaube, 8 Prager Elster Kropftaube, 9 Koburger Taube, 10 Lockentaube.

Die türkische Taube.

Bagadotten_Tauben.

1. Die Florentiner_Taube. 2. Die Schweizer_Taube. 3. Die Gimpel_Taube. 4. Die Strupp_Taube.

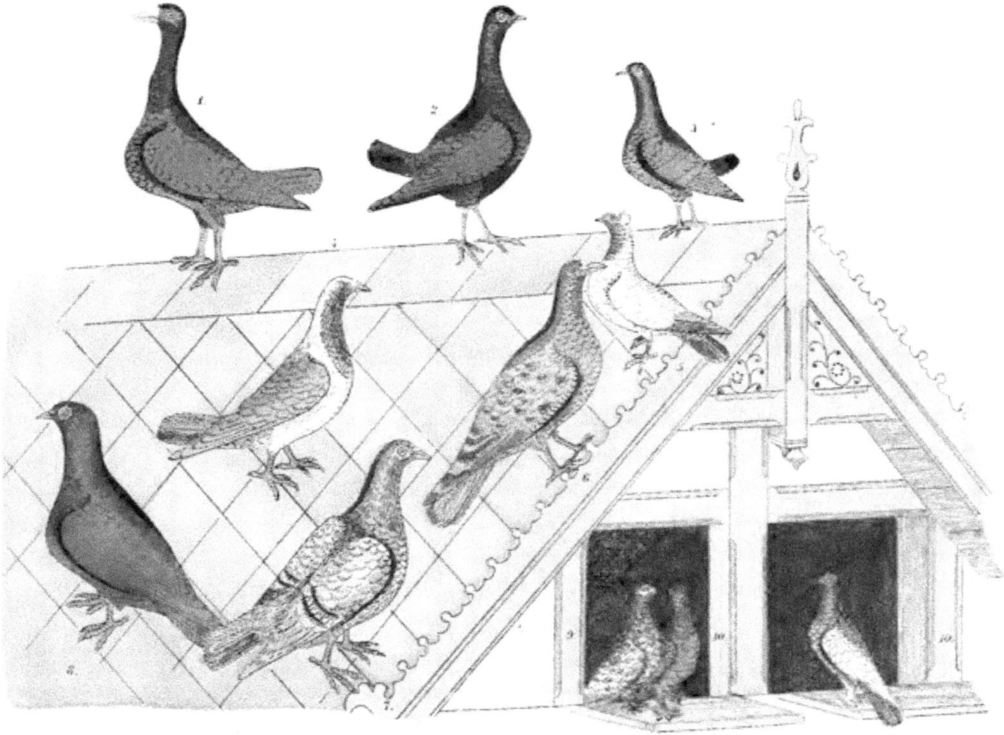

1. Französische Paggadotten-Taube, 2. Maltheser Taube, 3. kleine Maltheser-Taube, 4. Hühnerscheckige-Taube, 5. Nonnchen Taube, 6. Englische Tafel-Taube, 7. Römer-Taube, 8. Montauban Taube, 9. Almonds Tümmler Taube, 10 Tümmler.

www.ingramcontent.com/pod-product-compliance
Lightning Source LLC
Chambersburg PA
CBHW021952190326
41519CB00009B/1223
* 9 7 8 3 7 4 3 3 0 4 6 0 4 *